AF341562

TAILLE ET CONDUITE

DES

ARBRES FORESTIERS

ET AUTRES ARBRES DE GRANDES DIMENSIONS

OU

NOUVELLE MÉTHODE DE TRAITEMENT DES ARBRES A HAUTE TIGE

SUBSTITUÉE

A L'ÉLAGAGE GÉNÉRALEMENT PRATIQUÉ DANS LES FORÊTS,
SUR LES ROUTES, ETC.

PAR M. LE Vte DE COURVAL

MEMBRE DE LA SOCIÉTÉ FORESTIÈRE, ETC.

Nobis placeant ante omnia sylvæ.

SECONDE ÉDITION, ILLUSTRÉE PAR L'AUTEUR

PARIS

LIBRAIRIE AGRICOLE DE LA MAISON RUSTIQUE

26, RUE JACOB, 26

1861

TAILLE ET CONDUITE

DES

ARBRES FORESTIERS

ET AUTRES ARBRES DE GRANDES DIMENSIONS

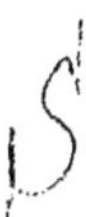

Extrait d'un Traité de la Régénération des Forêts, du même auteur, ouvrage qui paraîtra incessamment.

PARIS. — IMP. SIMON RAÇON ET COMP., RUE D'ERFURTH, 1.

TAILLE ET CONDUITE

DES

ARBRES FORESTIERS

ET AUTRES ARBRES DE GRANDES DIMENSIONS

OU

NOUVELLE MÉTHODE DE TRAITEMENT DES ARBRES A HAUTE TIGE

SUBSTITUÉE

A L'ÉLAGAGE GÉNÉRALEMENT PRATIQUÉ DANS LES FORÊTS,
SUR LES ROUTES, ETC.

PAR M. LE Vte DE COURVAL

MEMBRE DE LA SOCIÉTÉ FORESTIÈRE, ETC.

Nobis placeant ante omnia sylvæ.

SECONDE ÉDITION ILLUSTRÉE PAR L'AUTEUR

PARIS

LIBRAIRIE AGRICOLE DE LA MAISON RUSTIQUE

26, RUE JACOB, 26

1861

PRÉFACE

—

La question de l'élagage, de son rejet ou de son adoption, a été si longtemps et si souvent controversée ; tant de plumes habiles et savantes se sont livrées sur ce sujet à des discussions si acharnées, que je n'essayerai pas de renouveler ou même de rappeler ces luttes ardentes, où chaque parti avait peut-être tort et raison tout à la fois.

Je crois plus sage de me borner à rapporter simplement ici ce que j'ai observé de bon et de mauvais, et ce que j'ai vu faire ou fait moi-même de bien et de mal.

Le résultat, facile à constater *de visu*, décidera la question dans le cas où mes observations et mes citations n'auraient pas suffi pour l'éclairer, et prouvera, je l'espère, que si l'élagage, mal compris et mal fait, est dangereux et nuisible, il est, au contraire, toujours avantageux et utile quand il est logiquement et habilement pratiqué.

Cependant, avant de connaître ces graves débats et ces avis si partagés, avant d'avoir assisté à ces longues controverses, devenues parfois si vives et si animées, guidé par un goût prononcé pour les beautés de la nature[1], par une sorte d'instinct, de révélation peut-être, et élevé dans un pays couvert de belles et immenses forêts, d'innombrables plantations de toutes essences, sans rien savoir encore, et soupçonnant à peine les sérieuses questions qui occupaient déjà les sylviculteurs, j'ai été frappé, dès mes jeunes années, des inconvénients de deux systèmes également funestes à l'avenir forestier, et mis tour à tour en pratique sous mes yeux : d'un côté, l'absence complète et systématique de toute direction et de toute conduite des arbres indigènes à haute tige ; de l'autre, l'application irréfléchie d'opérations inintelligentes ou même absurdes, que, sous le nom d'élagage, on faisait subir à ces arbres.

Tantôt, en effet, complétement négligés et abandonnés à eux-mêmes, et privés ainsi d'une notable partie de leur développement, et, par suite, de leur valeur future ; tantôt soumis, suivant le caprice des propriétaires ou des locataires, aux mutilations les plus irréfléchies et les plus barbares, les arbres de réserve dans les forêts ou ceux plantés en alignements me parurent présenter presque partout en France l'aspect le plus fâcheux, le plus déplorable, et n'offrir aucune ressource pour l'avenir.

Un étranger de distinction, frappé comme moi du hideux

---

[1] Panaque, Sylvanimque senem, Nymphæque sorores.

et triste spectacle qu'offrent aux yeux les arbres *gibbeux* et difformes plantés sur nos routes, comparait avec raison l'existence misérable de ces débris mutilés à une longue et douloureuse agonie.

Dominé par ces pénibles impressions de ma jeunesse, et surpris autant qu'affligé de voir négliger ou sacrifier si inintelligemment un des produits les plus riches du sol, j'ai cru, dans l'espoir de rendre à nos grands végétaux leur rang, leur beauté et leur valeur, devoir chercher à conjurer en partie les inconvénients résultant de ces systèmes routiniers et vicieux, adoptés par l'ignorance, acceptés généralement sans examen ni raisonnement, et je me suis consacré tout entier à la recherche des moyens d'obtenir de meilleurs résultats.

Après avoir lu à peu près tout ce qui a été écrit sur ce sujet, après avoir parcouru et étudié une partie des forêts de l'Europe, peu satisfait de mes recherches, et trouvant partout, dans les livres aussi bien que dans la pratique, abandon complet, indifférence ou dénégation presque générale d'une part, et, de l'autre, incertitude, doute et contradiction, même parmi les quelques rares personnes qui, comprenant le mal, ne savaient en trouver le remède ou du moins ne l'indiquaient pas, j'ai tenté, en me livrant à de nombreuses expériences et à de minutieuses opérations, d'entrer dans une nouvelle voie.

Adoptant ce que je rencontrais de bon, repoussant ce qui me semblait vicieux ou funeste, praticien avant tout et plus habile à manier la serpe que la plume, j'ai pu me créer peu à peu et suivre une méthode raisonnée de conduite des arbres de haut jet, méthode qui, si elle n'est pas entièrement nouvelle, est du moins plus complète, plus clairement et plus nettement formulée qu'elle ne l'avait été jusqu'à ce jour, et qui offre aussi cet avantage d'avoir été pratiquée plus en grand et pendant un plus long laps de temps qu'aucune autre.

Après bien des essais, des modifications et des améliorations successives, je puis enfin recommander et conseiller avec assurance ce nouveau système, que je n'ai cessé de mettre en pratique avec autant de soins que de persévérance, pour moi, ma famille ou quelques proches voisins.

Si l'on me demandait comment m'est venue la pensée de conduire et diriger des arbres forestiers et de haut jet par des soins constants et non interrompus à partir du moment où la jeune pousse se dégage des cotylédons et sort pour ainsi dire de la graine, je ne ferais pas l'orgueilleuse réponse que c'est « en y pensant toujours, » mais je dirais plus simplement et avec vérité que c'est en voyant se développer les arbres fruitiers et en pratiquant moi-même sur ces arbres ce qu'on appelle le *pincement* ou *ébourgeonnement à œil poussant*, que l'idée m'a été suggérée pour la première fois d'agir de même à l'égard des arbres forestiers.

Cet ébourgeonnement, qui a pour but de conserver et utiliser, au profit du sujet, toute la séve qu'on laissait jusque-là se perdre dans l'alimentation d'une grande quantité de pousses inutiles et de branches mal placées ou gourmandes, qui, aussitôt après la taille, se développaient avec vigueur et n'étaient supprimées annuellement qu'après qu'elles avaient pris leur accroissement au préjudice du corps et de la charpente du sujet, me parut applicable aux arbres de grandes dimensions.

Pensant, en effet, que si l'on trouvait un si grand avantage pour les arbres fruitiers à arrêter avec l'outil ou à la main, dès son apparition, la jeune pousse mal placée, ou même à en prévenir le développement en faisant tomber le bourgeon qui la renferme dès qu'on le voit percer l'écorce, on pourrait agir de même à l'égard des arbres de grande taille et obtenir un pareil succès, je me décidai à tenter l'aventure, en supprimant également, dès leur apparition et quand elles sont faibles encore, les branches mal placées ou nuisibles, au lieu de leur laisser prendre un accroissement inutile et même préjudiciable à la forme et à la régularité du sujet, et d'avoir recours à une amputation pour les retrancher plus tard.

Telle a été l'origine de mes premiers essais, qui, perfectionnés et régularisés peu à peu, se sont répandus de proche en proche, et ont été adoptés dans plusieurs localités.

L'aspect tout nouveau des arbres ainsi traités et un succès consacré par trente ou quarante années d'expérience et de pratique attirèrent enfin plus particulièrement l'attention d'un certain nombre de propriétaires forestiers sur les avantages de cette méthode; ils vinrent l'étudier eux-mêmes sur place et la pratiquèrent ensuite dans leurs domaines, sous ma direction ou celle de mes employés. Pleinement satisfaits des résultats, ces nouveaux adeptes m'ont avec instance engagé à faire connaître le système qui leur avait si bien réussi et à lui donner quelque publicité dans l'intérêt de tous.

C'est donc pour satisfaire à leur obligeante demande que je dois faire paraître prochainement un Traité sur la question forestière. Dans ce travail, basé sur une étude constante et sérieuse de tout ce qu'ont écrit et publié les maîtres en sylviculture, les forestiers français et étrangers les plus habiles, je traiterai toutes les questions qui se rattachent à cette science si négligée encore, quoique si digne d'intérêt et si remplie d'avenir. M'attachant surtout à ne point faire, comme cela ne se voit que trop fréquemment, *un livre avec des livres*, c'est-à-dire ne voulant point imiter ceux qui, *se servant de ciseaux en guise de plume*, reproduisent ce qui a été déjà écrit et est connu de tout le monde, je me suis efforcé de ne mettre dans ce livre que des idées et des faits nouveaux ou négligés; en un mot, le but que je me propose est de donner, non à ceux qui savent déjà, mais à ceux qui désirent apprendre, quelques utiles conseils appuyés par une longue expérience et applicables aux questions ci-dessous :

Indocti discant, et ament meminisse periti.

1° Déboisement et reboisement des terrains vagues et des montagnes ; leur influence sur les inondations et la température :

2° Étude du sol et du sous-sol à reboiser ou à planter, exposition, altitude ;

3° Aménagement en futaie, taillis composé ou taillis simple, etc., etc.

4° Fixation du terme d'exploitation, éclaircis et sartage, assiette des coupes ;

5° Coupes sombres, coupes claires, coupes définitives, éclaircissements successifs ;

6° Balivage, choix et conservation des sujets-réserve ;

7° Martelage, estimation, récolement ;

8° Divers modes de vente, débit des bois, industrie ;

9° Exploitation, soins à l'abatage et au débardage, transports, etc., etc.

10° Élagage, taille et conduite, direction, pansements divers ;

11° Desséchements, asséchements, drainage, etc.

12° Réensemencements naturels, artificiels, semis, boutures et plançons ;

13° Plantations, contre-plantations, dépenses, entretien, gardes ;

14° Substitution des bonnes essences aux mauvaises, écobuage, culture alterne ;

15° Introduction et propagation d'essences étrangères nouvelles et propres au climat et à la nature du sol ;

16° Valeur et prix des produits forestiers, avenir, etc.

17° Nomenclature et causes des vices et maladies des arbres ; leurs ennemis, moyens curatifs, asphyxie, dégâts du gibier, parcage, glandée, etc., etc.

Je chercherai surtout, dans ce travail, à faire ressortir les inconvénients et les dangers divers de la destruction des forêts, et à pousser le cri d'alarme et de ralliement contre les destructeurs impitoyables et sans prévoyance.

Je répéterai, pour la centième fois s'il le faut, que le temps est venu, au point de vue forestier comme au point de vue pittoresque, d'avoir plus de respect pour ces vieux témoins d'un autre âge, ornements et parure de nos campagnes, que nous ont transmis nos devanciers, et que nous faisons aveuglément disparaître sans même songer à les remplacer.

Quand je vois prononcer si légèrement la condamnation de nos magnifiques arbres et lever avec indifférence et sans regrets le marteau fatal sur ces doyens de nos forêts, dont ils sont la fortune et la gloire, je ne puis résister à la tentation de crier aux bourreaux, avec le suave chantre de nos jardins :

> Avant d'exécuter un rigoureux arrêt,
> Songez bien que du temps ils sont le lent ouvrage,
> Que tout votre or ne peut racheter leur ombrage.

En effet, il faut deux cents ans et plus pour obtenir un bel arbre, à son complet développement ; quelques instants suffisent pour le mutiler, le déshonorer ou l'abattre !

Mais, en attendant la publication d'un travail d'aussi longue haleine, cédant à d'amicales instances, et encouragé par les éloges et l'accueil bienveillant qu'ont reçus mes efforts, j'ai cru devoir extraire de mon Traité et donner par avance le résumé succinct et abrégé de quelques-uns des chapitres qu'il renferme, dans l'espoir d'appeler, d'une part, sur les avantages et l'absolue nécessité de la taille et de la conduite progressive des arbres à haute tige, l'attention de ceux qui nient ces avantages ou négligent ces opérations, et, d'autre part, d'avertir et d'éclairer, s'il est possible, sur leurs véritables intérêts, ceux qui, tombant dans l'excès contraire, enlèvent toute valeur à ces arbres et détruisent tout leur avenir, par suite des déplorables mutilations auxquelles ils les soumettent.

J'ai pensé aussi qu'il était bon de faire connaître, afin de les rendre pratiques, les moyens d'augmenter sa fortune et celle de ses enfants, rappelant à ceux qui voudront m'imiter le conseil du chantre de la nature :

Insere, Daphni, piros; carpent tua poma nepotes,

pensée si bien reproduite par le bon la Fontaine :

Mes arrière-neveux me devront cet ombrage.

Est-il rien, en effet, de plus consolant et de plus encourageant que la pensée de préparer aux siens un bel avenir, et de travailler pour ceux qui, dans l'ordre de la nature, doivent après nous jouir et profiter de nos travaux? Ah ! plaignons les égoïstes, qui, jaloux d'un bonheur qu'ils ne peuvent comprendre ni apprécier, ne vivent que pour eux seuls ; et, leur rappelant cette bonne et douce pensée,

> . . . . Défendez-vous au sage
> De se donner des soins pour le plaisir d'autrui ?

engageons-les à vivre un peu pour les autres : ils y trouveront plus de charme que dans leur triste isolement. Nous n'aurons plus alors qu'un reproche à leur faire, celui de ne pas avoir commencé plus tôt : quant à moi, c'est là mon seul regret.

Afin d'éviter ces mêmes regrets, souvent tardifs et stériles, à ceux qui voudront bien s'intéresser à la mission sylvicole que je crois devoir remplir, je leur dirai ici et leur répéterai souvent, après leur avoir dévoilé mes petits secrets pratiques et avoir établi sous leurs yeux le parallèle de ma méthode et des anciens procédés partout suivis : « Quel que soit votre âge, pour vous ou pour les autres, commencez au plus tôt, et persévérez. »

C'est sous ces impressions et avec la confiance que donne une conviction profonde que, depuis près de quarante ans, j'ai créé de vastes pépinières où se trouvent toutes les essences connues pouvant supporter notre climat, et d'où sont sortis plusieurs millions de plants, entre autres près de vingt-cinq mille sujets de haute tige plantés en avenues ou en bordures, et tous conduits d'après la méthode que j'ai adoptée et que je viens ici développer et conseiller à ceux qui voudront faire ou améliorer des plantations.

Tel a été mon but en traçant ces lignes, adressées à tous les propriétaires et administrateurs de bois ou de plantations de quelque importance, et en extrayant ces quelques avis purement pratiques de l'ouvrage plus complet et plus sérieux dont j'ai parlé plus haut.

Puissent ces avis, fruits de l'expérience, être de quelque utilité à ceux pour qui ils ont été écrits !

Habent sua fata libelli [1] !

[1] Le succès inattendu de ces deux chapitres, l'approbation flatteuse des membres les plus distingués de l'administration des ponts et chaussées, celle des savants professeurs et chefs de l'École impériale forestière, la reproduction dans les grands journaux de la France et de l'étranger, les fréquentes visites faites aux ateliers, les demandes d'élagueurs et l'envoi continuel d'élèves à former, enfin l'imitation et l'adoption déjà très-étendues de cette nouvelle méthode, joints au rapide épuisement d'un premier tirage, ont fait désirer la publication d'une nouvelle édition. Nous la donnons aujourd'hui au public, après l'avoir retouchée et augmentée d'éclaircissements utiles et de réponses à de sérieuses observations, sous forme de questions et de doutes, récemment adressées à l'auteur. Nous y avons joint aussi douze planches plus importantes et entièrement nouvelles exécutées d'après nature. L'auteur a cru devoir, pour rassurer ses lecteurs, prendre d'abord et conserver ici le titre de *taille et conduite*, etc., en opposition avec le nom justement redouté d'*élagage*, car la manière inconsidérée et barbare dont on pratique généralement cette opération effraye à bon droit ceux qui en sont journellement témoins, même au prétendu centre de la civilisation.

(*Note de l'Éditeur.*)

TAILLE ET CONDUITE

DES

ARBRES FORESTIERS

ET AUTRES ARBRES DE GRANDES DIMENSIONS

PREMIÈRE PARTIE

EXPOSÉ DE L'ANCIENNE MÉTHODE

DITE ÉLAGAGE A CHICOTS,
RABATS OU MOIGNONS, DE 20 A 50 CENTIMÈTRES DE LONGUEUR,
PRATIQUÉE SIMULTANÉMENT SUR LES 2/5 OU LES 5/4 DE LA HAUTEUR TOTALE
DES ARBRES.

BUT DU SYSTÈME GÉNÉRALEMENT ADOPTÉ
ET PRATIQUÉ JUSQU'À CE JOUR

Je vais d'abord rechercher et exposer dans quel but et en vertu de quels raisonnements l'ancienne méthode procède à ses diverses opérations.

1° On s'attache à prolonger à tout prix la tige des arbres

conservés comme réserves ou futaie, à chaque coupe périodique dans les forêts, ou plantés en alignement et sur le bord des routes, sans se préoccuper de la forme à leur donner, des dimensions à en obtenir, ni des qualités à leur conserver, et sans s'apercevoir que, bien loin d'arriver au résultat qu'on s'était proposé, on sacrifie ainsi l'avenir de ces arbres. En effet, à la suite de l'amputation inconsidérée d'un grand nombre de branches qui fait la base de ce système, la tige de l'arbre, déchirée par ces plaies béantes et rapprochées, se couvre dans toute sa longueur de nombreuses nodosités, d'excroissances et de bourgeons adventifs qui, comprimant et obstruant les vaisseaux conducteurs de la sève, entravent le cours et la circulation de celle-ci, et la forcent à s'échapper par ces plaies multipliées, qu'on voit bientôt dégénérer en ulcères, chancres ou gouttières, et s'étendre rapidement jusqu'au cœur du sujet, privé ainsi de toutes qualités et de toute valeur commerciale.

2° Cet élagage intempestif et exagéré a sans doute aussi pour but de procurer un produit fréquemment renouvelé en menu bois de chauffage et bourrées, provenant de l'amputation périodique de la majeure partie des grosses et moyennes branches. Ce mode de procéder a beaucoup d'analogie avec la mutilation complète et barbare appelée émondage ou exploitation en têtards, et applicable seulement aux haies vives.

3° Dans la crainte mal fondée d'attaquer et de compromettre le corps de l'arbre, on réduit indistinctement toutes les branches des premières couronnes à la longueur de 20, 30 ou 40 centimètres à partir du périmètre de la tige, sous forme de moignons, chicots ou rabats, supposant bien à tort que ces plaies se cicatriseront, ce qui est cependant physique-

ment impossible et sans exemple, car, faites dans ces conditions, elles ne se recouvrent jamais complétement, ainsi qu'il
est facile de s'en assurer sur tous les sujets mutilés. (Gravures 1, 3, 4, 5; grav. 10, B, grav. 11.)

4° Dans un but d'économie mal entendue, on semble vouloir aussi se dispenser des soins et des quelques frais supplé-
mentaires nécessités par la taille progressive, et l'on fait exé-
cuter en une seule fois par de simples bûcherons cet élagage
complet et général, sans s'apercevoir qu'on sacrifie ainsi la valeur et la durée de ses arbres, comme cela a lieu dans presque
tous les bois et sur toutes les routes de France, qui présentent
également sous ce rapport l'aspect le plus déplorable.

5° Enfin, et de là vient le nom qui sert à désigner cette
méthode vicieuse, on forme et l'on conserve de nombreux
chicots ou moignons qui épuisent et défigurent les arbres, et
l'on remet à la coupe suivante le soin de les raccourcir ou de
les supprimer, croyant qu'il sera temps encore d'en prévenir
les funestes effets. Les raisons ne manquent pas pour démontrer combien est profonde l'erreur dans laquelle on tombe à
cet égard; je n'en veux citer que deux au hasard.

La première, c'est qu'à la suite de ces nombreuses amputations, qui appellent abondamment la séve à l'extrémité tranchée des fibres et vaisseaux conducteurs, l'arbre se trouve
affaibli par l'écoulement constant de ces exutoires toujours
ouverts; car il est certain, comme je l'ai dit plus haut, qu'avec
ce mode d'élagage la cicatrisation est impossible et sans
exemple.

La seconde, c'est que, vu leur forme oblique et le peu de
longueur qui leur a été laissée, la surface de ces moignons
mutilés, bientôt frappée de mort, entre en décomposition, et,

absorbant les eaux pluviales comme une éponge, ou les retenant dans une sorte de godet ou de réservoir, porte la carie jusqu'au cœur de l'arbre avant la révolution périodique de la prochaine exploitation sur laquelle on avait compté. (Grav. 5; grav. 10, B; grav. 11; grav. 12, B.)

Il sera trop tard alors pour combattre les rapides ravages de la décomposition et pour remédier à la dépréciation du bois d'œuvre; le mal est incurable : car l'action lente mais continue de la carie ou nécrose ne s'arrêtera plus et poursuivra, bien que latente et masquée à l'extérieur par une cicatrisation superficielle, son œuvre incessante de destruction. (Grav. 1, C; grav. 10, A.) Le but aura donc été complétement manqué, et l'on n'aura plus, au retour fixe de la coupe attendue, qu'un spectacle affligeant et de tardifs regrets.

MOYENS ET PROCÉDÉS GÉNÉRALEMENT EMPLOYÉS

ÉLAGAGE A CHICOTS OU RABATS.

Dans ce système, si toutefois on peut donner ce nom à un traitement aussi barbare, les bûcherons sont habituellement chargés, à chaque coupe périodique dans les taillis-sous-futaies, chacun dans le marché qui lui est alloué, d'élaguer indistinctement, comme je l'ai déjà dit, tous les arbres aux 2 3 ou aux 3 4 environ de leur hauteur totale, et reçoivent l'ordre exprès de ne couper aucune grosse branche à plus de 20 à 50 centimètres de distance du tronc. On forme ainsi des chicots ou moignons, dans la pensée sans doute qu'à cette longueur, leur carie, que du moins on ne saurait nier, n'atteindra pas le corps de l'arbre. (Gràv. 1, A; grav. 12, A.)

Ces ouvriers, peu experts dans ce genre de travail, sont généralement payés à tant par pied d'arbre, prix débattu, ou plus souvent au décistère de bois de chauffage et au cent de fagots, ce qui les pousse à couper le plus de bois possible sur chaque arbre, afin de gagner davantage, sans s'inquiéter des suites funestes de ces nombreuses mutilations.

Ils dénudent ainsi les arbres, surtout le long des routes, aussi haut qu'ils peuvent atteindre, attachant une sorte de vanité puérile, même au péril de leurs jours, à ne leur laisser qu'un mince bouquet de feuilles au sommet, et les dégarnissent périodiquement de toutes leurs branches de bas en haut, ne les abandonnant qu'après les avoir couverts d'innombrables et larges plaies béantes par où s'échappe à flots la séve qui afflue sur tous les points de leur tige tortueuse et déformée.

N'ayant point d'instruments spéciaux pour ce travail, ils se servent des serpes communes à bec recourbé, avec lesquelles aussi ils abattent les taillis et façonnent les fagots, échalas et autres bois d'industrie. (Grav. 6, 7, 8.)

Ces outils, par leur forme et leur légèreté, sont complétement impropres à tout élagage raisonné et sérieux, et, par conséquent, aussi désavantageux pour le propriétaire forestier qu'incommodes pour l'ouvrier.

De plus, comme on ne fournit pas d'échelles à ces bûcherons, ils sont obligés de se munir de griffes avec lesquelles ils déchirent l'écorce des jeunes sujets et les couvrent de plaies qui, avant même de dégénérer en ulcères, déterminent l'écoulement de la séve et le développement immédiat, dans toute la longueur du tronc, de nodosités, bourgeons et excroissances dont j'ai signalé ci-dessus les désastreux effets.

Les baliveaux et modernes, ne pouvant donner qu'un faible produit en branches à supprimer, ne sont, pour ainsi dire, l'objet d'aucune attention; cependant on coupe immédiatement à la serpe, en les abaissant, les jeunes pousses des baliveaux, aussi haut qu'on peut les atteindre. Cette mutilation les prive de la majeure partie de leurs appareils respiratoires, et empêche tout accroissement de leur diamètre : c'est une destruction presque complète.

Quant à la forme régulière et symétrique à donner à l'ensemble de l'arbre, au raccourcissement périodique et raisonné de ses branches, à leur nombre rigoureusement observé, à la forme et à la direction nécessaire des amputations, à leur pansement, à celui des plaies déjà anciennes et accidentelles qu'on ne peut manquer de rencontrer, l'ancienne méthode ne s'en occupe pas et paraît n'en pas même comprendre l'utilité.

Elle ne paraît pas non plus soupçonner l'inappréciable avantage qui résulterait, pour l'avenir forestier, d'une sage restriction apportée à la trop grande étendue horizontale de la cime des arbres : procédé qui laisse ou rend aux baliveaux ou modernes de remplacement toute la place nécessaire pour s'élever librement en ligne verticale et former à leur tour de belles et utiles réserves, destinées à succéder aux sujets marqués à chaque coupe périodique.

RÉSULTATS DE L'ANCIENNE MÉTHODE

Les conséquences déplorables du mode d'élagage que je viens de décrire et qui, au grand préjudice de nos forêts, a été importé d'un pays voisin, sous un nom étranger, il y a vingt-cinq ans environ, sont trop multiples pour que je puisse ici les mentionner toutes et exposer avec quelque détail les inconvénients sans nombre qui résultent d'une méthode aussi désastreuse, trop longtemps prônée, et que, malheureusement, pratiquent encore quelques prétendus forestiers.

Je me contenterai donc de signaler les plus funestes pour l'avenir de nos bois aménagés en taillis-sous-futaies.

1° Perturbation complète dans l'harmonie vitale de l'arbre, depuis ses racines jusqu'à son sommet, occasionnée par la suppression irréfléchie, subite et simultanée d'un nombre de branches toujours trop grand pour que la séve trouve dans son ascension une surface feuillue assez étendue où elle puisse établir, par son élaboration, un libre courant de circulation dans toutes les parties du sujet.

Trop abondante alors, en effet, pour s'y utiliser en entier, la séve se décompose aussitôt, afflue aux nombreuses plaies qui l'attirent et s'évapore sous les influences atmosphériques absorbantes.

2° Déviation d'une partie de la séve, qui, ne trouvant plus d'emploi dans le petit nombre de branches qu'on lui a laissé à nourrir, se porte sur toutes les parties industrielles du corps de l'arbre, y provoque la formation de nouvelles productions adventives, telles que branches, brindilles, nœdosités, bourgeons ou excroissances (grav. 1, C; grav. 10, A), lesquelles s'opposent à l'accroissement du diamètre et par conséquent de la valeur de l'arbre.

On comprend aisément que toutes ces productions accidentelles, surgissant entre les fibres verticales ou les tubes conducteurs de la séve, les pressent, les compriment, les rétrécissent et même les détournent ou les obstruent à tel point, que la séve, ne pouvant plus y pénétrer et y circuler librement, cesse de contribuer à leur développement général, et, par une conséquence forcée, à celui du diamètre et de la longueur du corps de l'arbre, qui se trouve ainsi privé de ses sources naturelles d'alimentation.

3° Insuffisance de la séve, qui, subissant l'évaporation sur une surface trop considérable, devient impuissante à cicatriser le trop grand nombre de plaies simultanées et laissées béantes sans pansement.

Par suite, dessiccation rapide et décomposition avec carie des parties dénudées, qui, par leur ramollissement, offrent aux nombreuses tribus d'insectes destructeurs, gros et petits, un appât et des retraites faciles, où ils exercent leurs ravages, jusqu'à ce que divers oiseaux de la famille des *pics* viennent à leur tour, en leur donnant la chasse, profiter de leurs œuvres de destruction pour se creuser de plus profondes cavités (grav. 5; grav. 10, B; grav. 11, C) où ils déposent leurs œufs et s'abritent pendant la nuit, non sans y entretenir une constante humidité et en accroître incessamment la profondeur.

4° Privation pour l'arbre d'une trop grande quantité de ses feuilles, organes nutritifs et appareils respiratoires tout aussi précieux que les racines, et dont l'absence, détruisant, d'une part, l'équilibre et la régularité du mouvement rotatoire de la séve, et, de l'autre, diminuant le nombre de ses foyers d'élaboration, ne peut que nuire sensiblement à l'accroissement général.

5° Direction vicieuse des plaies, faites, la plupart du temps, au hasard et sans règles fixes sur les plus grosses branches.de l'arbre qu'on veut réduire à l'état de chicots ou moignons. (Grav. 1, A; grav. 2, A.)

Effectivement, en raison de l'angle d'insertion de ces derniers sur le tronc, les plaies présentent le plus souvent une surface plane et horizontale, laquelle, nécessairement exposée aux influences de la pluie, de la neige, du soleil ou de la rosée, ne tarde pas à se décomposer et à former un foyer de carie et d'ulcération. (Grav. 5; grav. 10, B; grav. 11, C.) Une fois formé, ce foyer, comme je l'ai dit plus haut, va toujours s'agrandissant, et atteint bientôt le corps de l'arbre, auquel il ôte toute valeur industrielle, et dont, dans un temps donné, il causera la mort[1].

Et quand bien même, je veux insister ici sur ce point, une rare réunion de circonstances favorables et le peu de longueur laissée au chicot ou rabat auraient, sous l'influence d'une extrême vigueur de l'arbre et par suite du rapide et puissant accroissement de son écorce, permis la cicatrisation de la plaie, la portion de bois déjà désorganisée, attaquée

---

[1] Observations et procès-verbaux des ventes constatant une perte de plus de cent mille francs, depuis la fin du dernier siècle, dans le seul domaine de Pinon, par suite de l'emploi de la méthode du chicotage, dont les funestes effets se font encore sentir.

Mêmes remarques aussi désolantes pour tous les bois des départements de l'Aisne, de l'Oise, des Ardennes, de la Marne, de la Seine, de Seine-et-Marne, de Seine-et-Oise, etc., etc., où l'on peut, sans exagération, évaluer la perte à plusieurs millions.

par la carie ou nécrose, et peuplée des divers insectes auxquels elle servait de retraite et d'aliments, bien que recouverte en apparence, n'en conserverait et n'en communiquerait pas moins aux parties saines du tronc ses éléments destructeurs, tout aussi actifs, tout aussi pernicieux, quoiqu'ils aient cessé d'être visibles à la surface : leur action sourde et latente ne serait que masquée, mais non arrêtée ni suspendue par cette apparente cicatrisation, et la déception serait grande, au jour de l'exploitation et du débit, quand on découvrirait les ravages de la carie dans le cœur d'un sujet qui paraissait sain à l'extérieur. (Grav. 10, A, B.) Ces résultats déplorables sont le fruit des amputations pratiquées à 14 ou 16 centimètres du corps de l'arbre ; quant à celles faites à 20 ou 30 centimètres, on concevra facilement que ces nombreux tronçons, privés d'organes feuillus qui y attirent la séve, cesseront bientôt de végéter, et que leur écorce, se détachant et tombant par lambeaux en pourriture, les privera de leur dernière défense en exposant leurs fibres dénudées à toutes les influences atmosphériques, et, par conséquent, à une prochaine et complète destruction, qui ne tardera pas à attaquer et à détruire les parties saines de l'arbre ainsi mutilé. (Grav. 3, 4.)

6° Impossibilité matérielle d'obtenir la cicatrisation des plaies causées par l'amputation des branches coupées à chicot : en effet, les fibres du bois et les vaisseaux conducteurs de la séve se trouvant tranchés à angle droit ou à peu près, les plaies ne saura'ent se refermer, puisque ces organes vivificateurs ne sont pas *doués* de la faculté de *s'allonger* et de *croître* par leur *extrémité* (grav. 3, 4), ainsi que je le développerai plus loin.

Enfin, pour clore l'énumération de ces outrages à la nature, je signalerai ici le pire de tous et le plus grand danger de cette méthode fatale, qu'on pourrait assez justement qualifier d'émondage : c'est que le corps de l'arbre, couvert de larges plaies dans sa plus grande longueur, et présentant à peu près l'aspect ridicule d'un perchoir de basse-cour, se couvrira à la pousse prochaine, du haut en bas de sa tige dénudée, d'une innombrable quantité de bourgeons et de brindilles qui, sortant des bords et entourant la surface de chaque plaie, lui donneront cette fois l'apparence non moins ridicule d'un énorme manchon, d'une brosse à long manche ou d'un goupillon. Qu'arrive-t-il alors? L'air et la lumière, agissant puissamment sur ces jeunes et vigoureux rameaux recouverts de larges feuilles, y attirent toute la séve et l'absorbent à tel point, que la tête de l'arbre, ne recevant plus d'aliment, se dessèche et ne tarde pas à mourir. On s'étonne alors, on se demande pourquoi les chênes ainsi traités ne croissent plus, dépérissent et se couronnent, sans prêter attention à ce fait significatif qu'on a sous les yeux, à savoir que tous les arbres du voisinage qui, pour une raison quelconque, n'ont point eu à subir ce traitement désastreux, présentent tous les caractères de la vigueur et de la durée.

Un système aussi irrationnel est pourtant encore en faveur auprès de quelques personnes, qui, rendues confiantes par les noms étrangers que portent des ouvriers venus tout exprès chaque année de leur pays, ont, sans s'en douter, sacrifié l'avenir de leurs futaies. Et ce que j'avance est si réel, qu'à moins de changer de manière d'agir ces personnes peuvent être assurées que de tous leurs chênes, dans trente ans, il ne restera pas une seule poutre de grande dimension et exempte de défectuosités.

Tels sont bien, en effet, les tortures qu'on fait subir et le sort qu'on prépare souvent à de beaux bois dont l'avenir était prospère et assuré; c'est ainsi, comme le disait un vieux garde, qu'on tue la poule aux œufs d'or! Ce n'était point assez que, se laissant entraîner à la folie du jour, on défrichât sans pitié et le plus souvent sans raison de magnifiques forêts : on s'acharne encore à les mutiler et à les déshonorer avant de leur donner la mort! Ces pauvres arbres, si, comme *jadis*, ils pouvaient parler, n'auraient-ils pas le droit, maudissant la main profane qui les déchire, de s'écrier en leur langage, ainsi que le vieux lion :

. . . . Je voulais bien mourir;
Mais c'est mourir deux fois que souffrir tes atteintes!

CONCLUSIONS

L'énoncé de ces simples faits de physiologie et d'anatomie végétales, appuyés sur l'expérience et une longue pratique, suffit, du moins je le suppose, à démontrer que, par la méthode que je combats, il est impossible d'obtenir la complète cicatrisation des plaies sur les arbres. La méthode que je propose, au contraire, et que je vais exposer plus loin avec détail, a pour base la section progressive des branches au ras du tronc avec pansement immédiat. Avec ce genre d'opération, les plaies, se trouvant verticales et parallèles aux fibres, tissus ligneux et tubes conducteurs de la séve ou cambium, arrivent à une prompte et entière cicatrisation (grav. 13, 14, 15, 16), en vertu de la propriété qu'ont ces mêmes organes de se dilater, d'accroître leur volume par le gonflement, de se rapprocher et de se ressouder, pour ainsi dire, afin de remplacer ceux qui ont été retranchés par l'amputation.

Si quelques doutes existaient à cet égard, notamment sur ce dernier fait, ils ne résisteraient point au simple examen des spécimens représentés par les gravures 15 et 16[1], où l'on peut voir que les fibres du bois ont, par la superposition annuelle et concentrique des couches d'accroissement plus ou moins nombreuses, complétement recouvert l'extrémité des tubes fibro-vasculaires de la branche coupée quelques années auparavant, sans éprouver la moindre altération, ni laisser aucune solution de continuité susceptible de nuire à la valeur et aux qualités industrielles des sujets. (Grav. 17, 18.)

On pourra donc à la fois se convaincre des inconvénients et des vices sans nombre de l'ancien système, et apprécier les avantages, constater les succès constants et infaillibles de la nouvelle méthode, succès appuyés sur des milliers de faits et consacrés par trente années d'expérience et de pratique non interrompue.

---

[1] Deux tableaux accompagnés de texte, mettant en regard l'ancienne et la nouvelle méthode, et rendant faciles leur jugement et leur appréciation, ont été admis, en 1859 et 1860, aux concours régionaux de Saint-Quentin et autres villes, au grand concours agricole de Paris, etc., et récompensés par de nombreuses médailles d'or et de première classe. Les grands journaux et plusieurs publications hebdomadaires de France et de l'étranger en ont fait un compte rendu détaillé et dans les termes les plus flatteurs. (*Note de l'Éditeur.*)

NOUVELLE MÉTHODE

POUR LA CONDUITE ET LA TAILLE PROGRESSIVE REZ-TRONC DES ARBRES FORESTIERS
ET AUTRES ARBRES DE GRANDES DIMENSIONS
AVEC PANSEMENT IMMÉDIAT DES PLAIES AU COALTAR [1].

BUT DU NOUVEAU SYSTÈME

1° Chercher à obtenir et à former, afin d'augmenter la valeur et le produit durable des forêts et des terrains plantés, le plus grand nombre possible d'arbres à haute tige pour réserves, futaies sur taillis, bordures de routes et de canaux, ou plantations d'alignements, atteignant les plus grandes dimensions, exempts de toutes plaies, chancres, ulcères et autres maladies, et produisant du bois d'œuvre et de construction de la meilleure qualité et du prix le plus élevé auquel on puisse prétendre.

Porter en conséquence toute son attention et tous ses soins sur les baliveaux dès leur jeunesse, les conduire graduellement et progressivement jusqu'à leur formation parfaite, en les soumettant à une taille continue ou élagage partiel, progressif et raisonné, lequel, utilisant toute leur séve au profit

---

[1] Ce système a été mis en pratique, par M. DE COURVAL, sur 2,000 hectares de bois et terres du domaine de Pinon, et appliqué à plus de 100,000 sujets depuis 1822, en remplacement des divers modes d'élagage employés jusqu'à ce jour.

de leur accroissement, puisse leur donner un jour, grâce à la direction normale et régulière qu'ils auront reçue, un développement, des formes et enfin une valeur qu'ils n'acquerraient jamais si ces soins assidus ne leur étaient prodigués.

Par cette conduite attentive, on pourra assurer aux baliveaux et modernes penchés, courbés et hors d'aplomb (faute d'espace, d'air et de lumière, ou à cause de l'irrégularité de leur tête difforme, dont le poids les incline tout d'un côté), une verticalité de tronc nécessaire pour donner au bois, par l'adhérence et la disposition régulière de ses fibres, une homogénéité et une compacité qui en assurent la valeur.

Bien des vices, bien des maladies dont on cherche vainement la cause quand on les rencontre dans des arbres sains en apparence, comme, par exemple, la roulure et la lunure (désagrégation circulaire des couches ligneuses annuelles), ne sont dus qu'au poids excentrique de la tête de ces arbres, qui, les attirant incessamment du même côté, tend inévitablement à séparer, à désunir les fibres d'accroissement, et, formant ou laissant subsister un vide circulaire entre elles, rend les sujets impropres aux plus précieux emplois industriels, et les expose à d'autres désordres plus graves encore.

Prévenir ou réparer ces désordres, ce serait rendre un sérieux service à la postérité, et il serait doux et flatteur pour tous ceux qui voudraient s'adonner à cette œuvre de mériter qu'un autre âge reconnaissant pût dire que, par leurs soins,

Arboribus sua forma redit, etc. [1].

2° Donner ou conserver au corps des arbres la forme cylin-

---

[1] Ces vices organiques et destructeurs des *rois* de nos forêts ne se seraient du reste que bien rarement produits, si, au lieu de laisser ces derniers, faute de quel-

drique et la plus grande longueur possible de bois bien sain, sans branches, sans nœuds et sans bourgeons, de manière à laisser aux tubes séveux leur direction libre et verticale pour la facile circulation de la séve, sans que celle-ci soit entravée par des gibbosités ou même par de grosses branches latérales ou pendantes qui la détourneraient en l'absorbant à leur profit, au préjudice de l'accroissement de la partie industrielle.

3° Diminuer pour l'arbre les chances de torsions, roulures ou fractures, sous l'effort violent des orages ou l'action continue des vents réguliers, en diminuant par des amputations et des raccourcissements progressifs la largeur de sa tête, et en maintenant en même temps la longueur verticale de cette partie feuillue dans une proportion à peu près égale à celle du tronc ou même du tiers seulement, quand la végétation, favorisée par la richesse du sol, par l'épaisseur de la couche végétale, et aussi par la taille progressive et la conduite constante auxquelles les jeunes sujets ont été soumis, est belle et vigoureuse.

4° Éviter, en s'astreignant à une extrême modération et à une juste mesure dans l'amputation des doubles flèches, branches inutiles, gourmandes, pendantes, mal placées ou nuisibles, que la séve, privée d'une surface et d'un emploi suffisants, ne se fasse jour par exubérance à travers l'écorce du tronc[1]. Prévenir ainsi la naissance des bourgeons adventifs (grav. 1, C; grav. 10, C), qui, provoquant et formant, par

ques soins, constamment attirés, pliés et inclinés d'un seul côté, on leur eût, dès l'origine, en allégeant de quelques branches divergentes, mal placées et couvertes d'un épais feuillage, le côté surchargé et pliant sous le poids, permis de reprendre un juste équilibre et un aplomb parfait.

[1] Cette juste et sage proportion de la conservation d'une partie du feuillage a surtout pour but et pour effet de favoriser le mouvement ascendant et descendant

leur rapprochement, des bourrelets et des nodosités sans nombre dans toute la longueur de l'arbre, nuiraient, comme je l'ai dit plus haut, à la circulation des fluides, en rétrécissant, obstruant, ou même en interceptant entièrement les conduits, devenus par cela même incapables de remplir leurs fonctions, et s'opposeraient, comme le ferait une ligature, au développement des couches ligneuses annuelles appelées à accroître le diamètre des troncs.

5° Faciliter par la bonne direction des rameaux le mouvement ascendant et descendant de la séve; à cet effet, supprimer peu à peu et progressivement par des amputations ou des raccourcissements toutes les branches pendantes et même horizontales ou trop confuses, qui pourraient en détourner le cours, l'arrêter, la retenir et rendre sa circulation anomale, lente et irrégulière; enfin ne conserver que celles qui tendent à se rapprocher de la ligne verticale, et forment une tête bien régulière, ovoïde, d'un aplomb aussi parfait que possible sur la tige qui la porte.

6° Diminuer en la régularisant l'envergure de la tête de l'arbre, par le raccourcissement ou la suppression de certaines branches isolées et irrégulières, afin de laisser un passage libre aux jeunes baliveaux ou modernes dominés par lui, et destinés, aux prochaines périodes, à le remplacer; cette pratique a de plus l'avantage de laisser pénétrer la chaleur, la lumière et les influences atmosphériques sur les recrus du taillis ou sur les cultures voisines.

de la séve, loi d'équilibre appelée *endosmose*, qui ne s'accomplirait plus que d'une façon incomplète et insuffisante si les feuilles et les rameaux, trop réduits, cessaient de lui venir en aide, et, par leur puissante aspiration, n'attiraient plus la séve jusqu'aux extrémités des branches.

7° Opérer toujours par degrés et successivement, c'est-à-dire ne jamais supprimer ou même raccourcir en une seule fois qu'un très-petit nombre de branches sur un sujet, quel que soit son âge, de peur que la séve qu'il contient ne soit insuffisante pour cicatriser complétement et rapidement les plaies qui lui auront été faites. Aussitôt après la section, prévenir par un pansement (grav. 13, 14) immédiat au coaltar l'extravasation et l'écoulement de la séve, ainsi que la dessiccation de la portion de tissus du bois mise en contact avec les influences atmosphériques, laquelle ne tarderait pas à entrer en décomposition et à communiquer la carie aux parties industrielles du sujet.

8° Hâter la cicatrisation complète des plaies anciennes ou récentes, visibles ou latentes, que l'on peut rencontrer sur un arbre, en mettant à vif, nettoyant et pansant au coaltar toutes celles qu'on découvrira tant à la surface que sous l'écorce aux points où celle-ci présenterait des signes de meurtrissures ou de décomposition, et n'en jamais faire de nouvelles à moins d'être en mesure de les fermer rapidement et avant que la partie dénudée ait subi la moindre altération.

En résumé, par des soins incessants prodigués aux arbres de haut jet, obtenir sur une surface donnée, et dans le délai le plus court, la plus grande quantité possible de bois d'œuvre, sain, de droit fil, de grandes longueurs, sans nœuds, nodosités ni maladies, propre en un mot à tous les besoins du commerce et de l'industrie, tout en augmentant sensiblement les produits périodiques, et, par suite, la valeur des taillis qui les avoisinent.

J'engage ceux que l'avenir forestier préoccupe sérieusement, et à juste titre, à bien se rendre compte, avant de se décider à agir, du résultat qu'ils veulent obtenir, et, fort de mon expérience, je leur dirai : Regardez le but : *Respice finem.*

Pour se soustraire aux tristes résultats de l'ancien système, à peu près partout en vigueur, et profiter efficacement du nouveau, il faut bien réfléchir et savoir ce qu'on veut faire, puis ensuite agir résolûment.

MOYENS ET PROCÉDÉS

Le premier soin consiste à faire choix d'ouvriers jeunes, intelligents, adroits et hardis, munis d'excellents instruments, et bien renseignés sur les principes forestiers, le but qu'on se propose d'atteindre et les résultats qu'on veut obtenir. On devra ne les employer qu'à la journée, en abandonnant à leur profit le bois mort ou mourant, sous la direction et la surveillance la plus minutieuse des forestiers ou des gardes précédemment initiés à ce nouveau système. En un mot, il ne faut confier cette utile, mais délicate et difficile opération, qu'à des mains sûres, intelligentes et habiles ; car en charger de simples bûcherons, ou même ces hommes patentés, accoutumés par profession à mutiler les malheureux arbres, comme on le voit sur nos routes et dans nombre de forêts, et qui, dans leur hardiesse irréfléchie, ne craignent pas de risquer leur vie pour obtenir plus complétement de déplorables résultats, ce serait tout compromettre : *autant vaudrait confier un rasoir à un singe ou à un enfant.*

Tout le succès de ces délicates opérations et tout l'avenir des sujets qui y sont soumis dépendent au moins autant du choix de l'exécutant que du savoir et de l'habileté de celui qui commande et dirige.

En tout cas, mieux vaudrait mille fois ne jamais toucher à un arbre que de le livrer à des mains inexpérimentées ou malhabiles.

Je ne saurais trop répéter, en effet, que la suppression mal exécutée ou exagérée d'un certain nombre de branches occasionne toujours la formation d'un nombre égal de bourrelets difformes portant en eux des germes destructeurs, et provoquant inévitablement l'émission de véritables faisceaux de branches et de brindilles qui hérissent le corps de l'arbre et absorbent à son détriment et sans profit sérieux la plus riche part de la séve. (Grav. 1, C; grav. 10, C.)

Appelé, il y a quelques années, aux environs de C... pour examiner le travail d'élagueurs récemment arrivés de leur pays, je fus frappé dès l'abord de la masse de débris qui jonchaient le sol de l'atelier, et des dégâts causés par un élagage illimité. On me conduisit au pied d'une des victimes, que frappait à coups redoublés un homme armé de longues griffes, s'élançant adroitement de branches en branches, s'y tenant debout en équilibre avec une étonnante hardiesse, et faisant pleuvoir autour de lui indistinctement, sans choix, sans préférence et au hasard, tous les éléments d'existence et d'accroissement du pauvre arbre qui se trouvaient à portée de sa main.

C'était un beau chêne de plus de cent ans qu'attaquait si résolûment cet homme, qui, redoublant d'ardeur à la vue des visiteurs, l'eut bientôt, comme il nous dit, nettoyé de toutes ses maîtresses branches, ne lui laissant guère, en guise de tête, qu'un maigre bouquet de rameaux certainement incapable de l'alimenter et tout à fait en disproportion avec son corps.

Assez fier de l'attention que nous semblions porter à son exécution, sautant légèrement à terre, notre homme s'approcha de moi, qui étais le seul étranger, et, me montrant du doigt le squelette qu'il venait de dépouiller, *me tint à peu près ce langage*, entremêlé du patois de son pays :

« Eh bien, vous avez vu? je ne suis pas peureux?

— Non, certes, et je vous tiens pour un brave, un héros même, si vous voulez... Mais pourquoi avez-vous enlevé à cet arbre toutes ses branches? Dans quel but? d'après quel principe?

— Ah! je n'en sais rien; mais le voilà bien nettoyé, et bien propre, n'est-ce pas?

— Mais que va-t-il devenir l'année prochaine?

— Je n'en sais rien, et je ne le verrai pas; car, si je continue le métier, je ne recommencerai probablement pas ma tournée de ce côté.

— Pourquoi ne reviendrez-vous pas?

— C'est que j'ai autre chose à faire. Je suis tailleur à Bruxelles de mon état; mais, il y a un mois, voyant que l'ouvrage n'allait pas et que mes voisins gagnaient plus d'argent que moi à aller élaguer en France, j'ai acheté cette serpe à mon voisin, puis j'ai fermé boutique, et je suis venu pour m'essayer; voilà!... Je ne vais pas mal pour un nouveau, n'est-ce pas? Au reste, je suis à votre disposition, prenez mon adresse; nous sommes ici plusieurs *pays*, nous irons chez vous.

— Merci, je n'ai pas de bois.

— Vraiment?

— Non, j'habite en plaine. Adieu; prenez garde de vous blesser; et que Dieu vous bénisse et vous pardonne! sa puissance est infinie. »

Il avait dit vrai, le brave homme : il n'était pas seul de son pays dans la contrée; elle était peuplée de ses compatriotes. Chaque bois avait ses élagueurs, pratiquant avec le même discernement et la même logique; j'en rencontrai partout, frappant à tort et à travers, émondant jusqu'à la houppe. J'observai en un silence désolé leur œuvre de destruction. Ces gens étaient vantés, choyés, fêtés; je me tus : les *satisfaits* étaient nombreux, et j'étais seul de mon avis.

Deux ans après, je revins; les pauvres arbres étaient devenus de vrais manchons ou goupillons, hérissés de bourgeons des pieds à la tête, difformes, malades. Les élagueurs étaient partis, jugés enfin, mais trop tard, et n'avaient laissé après eux que de vilains arbres, tristes témoins de leur passage, objets de tardifs et inutiles regrets pour les propriétaires.

Ils ne sont pas revenus; car la mode avait passé, l'engouement avait cessé, faisant place enfin au raisonnement et à la réflexion.

Transivi, et ecce non erat.

Devant quelques avis timidement risqués, les yeux s'étaient peut-être ouverts! Les impitoyables bourreaux des beaux bois de cette contrée avaient donc passé comme l'orage, mais derrière eux restaient les squelettes décharnés de leurs victimes et les traces déplorables des tortures qu'ils leur avaient infligées.

Voilà pourtant avec quelle légèreté et quelle imprudence on expose l'avenir de nos forêts!

Il serait bien injuste toutefois de tirer de ce simple récit la conclusion qu'il n'y a pas de bons élagueurs dans le pays de ces bonnes gens, qui font le mal sans malice et sans s'en douter. Il peut s'en trouver d'habiles dans ce pays comme ailleurs, et plus peut-être; mais là, comme partout, il y a du choix, et, tant qu'on se bornera à les engager sur le vu d'un simple passe-port et même au hasard, on risquera fort de découvrir, le plus souvent trop tard, hélas! que ces fameux élagueurs n'étaient que des *tailleurs* sans ouvrage, et qu'on a compromis follement son avenir forestier en le leur confiant.

Un bon personnel une fois bien assuré, on commencera la conduite et la taille des jeunes sujets ou baliveaux dès leur premier âge, peu à peu, au fur et à mesure et progressivement, procédant d'abord par ébourgeonnage ou pinçage à la main, puis avec la serpette ou le sécateur, et en s'appliquant dès lors à leur donner une forme bien régulière et bien symétrique, qu'on devra chercher à leur conserver pendant toute la durée de leur existence.

Pour les baliveaux d'âge, on peut employer le croissant léger ou l'ébranchoir, en se plaçant au pied du sujet, ou en s'aidant d'une échelle très-courte. On ne supprimera dans ce cas que les branches trop fortes ou gourmandes, les doubles flèches ou les brindilles des premières couronnes, coupant celles-là au ras du tronc, bien net, et les autres à quelques centimètres de longueur : on donnera ainsi à la tête une forme de quenouille allongée ou de gobelet en tulipe, bien régulière, et égale au moins à la longueur du tronc.

Arrivé à la seconde période des baliveaux, on ne devra employer que des instruments à tranchant fin et bien affilé, tels que le croissant et la serpe ordinaire (grav. 6), en évitant surtout toute déchirure, bavure ou meurtrissure de l'écorce, et ne coupant au ras du tronc qu'un très-petit nombre de branches de la première couronne. On se bornera à raccourcir les autres à la longueur de 1 à 3 mètres, en ayant soin de réserver toujours dans leur surface et vers leur extrémité quelques menues branches d'appel, ou brindilles feuillues, afin d'y attirer et d'y maintenir dans un parfait équilibre le mouvement de la séve.

On arrivera ainsi tout naturellement à prévenir le mal, au lieu d'avoir à le combattre et à y remédier : pour me servir d'une comparaison, on arrêtera à la frontière l'invasion menaçante, sans attendre pour la combattre qu'elle ait pénétré au cœur de l'empire.

Quant au traitement des sujets dits *modernes*, aussi bien que de ceux appelés *vieilles écorces* (de tout âge), tant que leur végétation n'est pas arrêtée, la tâche de l'élagueur n'est plus seulement préventive, elle devient à la fois curative et réparatrice; mais alors aussi commencent les difficultés de l'exécution, que la théorie seule ne saurait guider et régir, et dans laquelle la pratique et le *coup d'œil* doivent jouer un grand rôle. Ce ne peut être, en effet, qu'à l'aide de l'habitude et de ce *coup d'œil rapide* acquis par l'expérience que l'élagueur, après avoir fait à plusieurs reprises le tour du sujet à traiter, les yeux fixés sur son ensemble, à la distance de 15 à 20 mètres, pourra décider, avant de mettre le pied sur l'échelle, quelles sont les branches qu'il aura à arrêter seulement et à décharger vers leurs extrémités, celles qu'il aura à raccourcir ou *châtrer*, et celles enfin qu'il devra couper rez-tronc.

Si, comme il arrive quelquefois, une de ces dernières, condamnée à être supprimée comme nuisible ou mal placée, présentait un volume considérable et égal à celui de la branche à conserver, il serait prudent et utile, dans la crainte de multiplier trop le nombre des plaies, au lieu de la couper immédiatement, de lui enlever, jusqu'à l'aubier inclusivement, un anneau d'écorce de 10 à 15 centimètres de largeur, pris sur la périphérie entière, afin d'en diminuer graduellement le développement par la privation des fluides alimentaires, qui, ainsi interceptés et refoulés, viendront se porter tout entiers sur la branche conservée, et lui feront, comme on dit, prendre le dessus, en augmentant sensiblement son accroissement, tandis que l'accroissement de la première sera sensiblement ralenti et presque arrêté jusqu'à l'entière suppression de la branche, suppression qu'on opérera quelques années après, et rez-tronc.

D'un examen attentif et de la sûreté du coup d'œil dans la détermination prise dépendra tout le succès de l'opération, qui peut être presque appréciée et déterminée à l'avance ; ce qui n'empêchera pas l'ouvrier d'interrompre de temps en temps son travail pour descendre de l'arbre et juger à mesure, en se plaçant à distance convenable, du résultat déjà obtenu et de ce qui lui restera à faire.

De l'habile direction et de la bonne entente du travail, qui doit donner ou rendre à l'ensemble du sujet une forme régulière et symétrique, un parfait aplomb, dépendront son sort et son avenir : l'ouvrier ignorant et brutal peut devenir son bourreau, tandis que l'homme sensé et réfléchi sera son guide et son sauveur.

Pour ce qui regarde la pratique et l'exécution matérielle, après bien des tentatives de tout genre, après avoir successivement essayé un grand nombre d'instruments divers, je crois que le mieux sera d'employer la nouvelle serpe *spéciale* d'élagage (grav. 9), renforcée, perfectionnée, et rappelant la forme d'un couperet, que fabrique fort habilement M. Arnheiter, mécanicien, à Paris, place Saint-Germain des Prés, n° 5. Le poids total de cet instrument ne doit pas dépasser 1,500 grammes; il faut qu'il soit fait avec les meilleurs aciers, bien affilé et fréquemment affûté à l'aide de queues naturelles ou artificielles. On le porte suspendu derrière le dos, dans un crochet mobile en fer passé dans une ceinture de cuir bouclée à la taille.

Pour atteindre aux branches, on se servira d'une série d'échelles légères et souples, de longueurs variées[1]; l'on ne fera usage des griffes que dans les quelques cas exceptionnels où la dimension prodigieuse des sujets ne permettrait point aux plus longues échelles d'atteindre assez haut.

Je ne saurais trop insister sur cette prohibition : les griffes, en effet, causent aux jeunes arbres un grave préjudice, en meurtrissant et déchirant de leurs longues pointes crochues l'écorce encore mince et tendre, jusqu'à l'aubier; la séve ne tarde point à s'échapper par ces blessures, puis, s'agglomé-

---

[1] La tête ou extrémité supérieure de l'échelle doit toujours être munie d'une corde souple servant à la fixer autour du corps de l'arbre avant de commencer l'opération, tandis que le pied, ou extrémité inférieure, doit être taillé en pointe, afin qu'on puisse le fixer dans le sol lorsque sa surface est durcie par la sécheresse ou la gelée.

rant et se décomposant, forme de nombreux ulcères ou amène le développement d'une grande quantité de bourgeons dans le voisinage des plaies. Ces bourgeons, à leur tour, font naître des excroissances et des nodosités sur toute la longueur du tronc, auquel elles enlèvent à la fois sa valeur et sa beauté, comme on peut le voir partout où ce dangereux procédé est en usage, et notamment en Belgique.

La renommée de ce petit royaume, comme patrie des élagueurs, est telle, qu'il n'est pas rare d'assister, en France, à une scène du genre de celle-ci, prise sur nature et fidèlement rapportée.

Un homme se présente chez un propriétaire de bois. « Qui êtes-vous et que demandez-vous? — Monsieur, je suis élagueur. — De quel pays? — Voici mes papiers bien en règle, timbrés de Bruxelles. — Ah ! c'est bon ; voyez mon garde, qui vous montrera ma coupe de l'année, et travaillez. »

Et voilà tout l'examen qu'on fait subir à des gens inconnus, à qui l'on confie la plus délicate opération, celle qui se rattache à tout l'avenir sylvicole !!!

Quant à l'amputation rez-tronc, — par une section verticale, nette, franche, bien unie et légèrement bombée vers le centre, — de toute branche inutile, mal placée, morte, mourante, pendante ou cassée, ou même formant avec le tronc vers le sol un angle aigu de plus de 45 degrés, et à la condition expresse que leur nombre ne dépasse pas le chiffre de trois à la première couronne coupée ras, et celui de cinq à la deuxième raccourcie de 1 à 3 mètres, elle est le fondement et la base de la méthode que je préconise, et donnera toujours les résultats les plus satisfaisants, si on la pratique avec réserve et intelligence.

Sans entrer ici, faute d'espace, dans de plus amples détails et dans de complètes et rigoureuses instructions, je conseillerai cependant l'emploi d'un moyen prudent et pratique destiné à éviter les accidents auxquels s'exposerait l'ouvrier s'il coupait en une seule fois, et immédiatement rez-tronc, de longues et lourdes branches qui pourraient le renverser, l'entraîner par leur poids, ou le précipiter en brisant son échelle, et qui, de plus, arracheraient, dans leur chute, de longues lanières d'écorce, d'aubier même, ce qui ouvrirait sur le corps de l'arbre autant de blessures difficiles à cicatriser. Ce moyen consiste à couper d'abord la branche à supprimer, en commençant par son extrémité, par tronçons de diverses dimensions, de façon que le dernier à couper n'ait pas conservé plus de 1 mètre environ de longueur.

Malgré cette prudente et indispensable précaution, la section finale de la branche devra toujours être commencée en dessous, et conduite en remontant jusqu'au tiers ou jusqu'à moitié de son diamètre : on évitera ainsi plus sûrement encore tout éclat ou déchirure de l'écorce ou du liber.

Quant à tous les chicots ou rabats, dus à de vicieux élagages faits antérieurement, que l'on pourra rencontrer, on devra les supprimer en en faisant la section bien verticale sur le vif, et panser immédiatement au coaltar, en se conformant, dans cette opération, à toutes les précautions indiquées ci-dessus en détail. Dans le cas où un arbre présenterait, en raison de sa grande hauteur ou d'une circonférence extraordinaire, des difficultés ou des dangers réels pour l'ouvrier, celui-ci devra faire usage d'une forte corde de 5 mètres de longueur, fixée à la taille par une de ses extrémités avec une ceinture de cuir, et dont il entourera au besoin le tronc, afin de s'y maintenir verticalement et de conserver l'usage de ses bras, en s'en faisant un point d'appui.

Quand la carie, conséquence inévitable de l'ancienne méthode de chicotage, a déjà pénétré jusqu'au corps de l'arbre, à l'endroit qu'occupait naguère le chicot ou moignon tombé en décomposition, et y pénètre sous forme de cavités de plusieurs décimètres de profondeur, comme cela arrive infailliblement tôt ou tard, il faut mettre la plaie circulaire à vif, la nettoyer profondément et la régulariser avec un instrument tranchant, une gouge ou un ciseau, par exemple ; puis, après en avoir garni la surface interne d'une couche de coaltar, la remplir avec une forte cheville cylindrique, en bois de chêne sec, fortement enfoncée : l'extrémité de cette cheville, affleurant bien la surface de la plaie, recevra le pansement et ne tardera pas à être parfaitement recouverte par la cicatrice de l'écorce environnante, sans laisser aucune trace.

Dans le cas où la carie, provenant d'un choc violent et déjà ancien, ou du grand âge, se manifeste à l'extérieur par une crevasse large et profonde, sur une longueur de plusieurs mètres, continuant sourdement ses ravages et menaçant l'existence de l'arbre, il est possible encore, sinon de réparer le mal et de rendre à l'arbre ses qualités industrielles, de l'enrayer du moins, d'arrêter ses effets destructeurs, et de rendre même à l'extérieur du sujet une apparence de santé et de jeunesse. Dans ce cas donc, qui se présente assez souvent, et que j'ai été plusieurs fois appelé à traiter en divers pays, on commence par mettre la plaie, quelle que soit son étendue, tout à fait à vif, en enlevant à fond toute la portion décomposée, cariée ou attaquée par les insectes, et en nettoyant bien la cavité qu'elle présente. On recouvre ensuite tout l'intérieur d'une couche de coaltar, puis, avec des portions de madriers de bois de chêne sec et sain, bien ajustées et réunies dans leur longueur par des tringles, éclisses, baguettes du même bois, ou philippeaux, en termes de menuiserie, on remplit exactement toute la cavité, de manière que ce nouveau tronc artificiel, appelé à remplacer celui qui a été détruit par la carie, en représente bien la forme et affleure à sa surface la portion saine et vive d'écorce qui subsiste autour de la plaie.

Ce bois nouveau, substitué à la partie tombée en pourriture, une fois bien mastiqué et enduit de coaltar, ne tardera pas à être recouvert sous l'action extérieure des lèvres encore vives de la périphérie de la plaie, lesquelles, au lieu de s'arrêter au contact des tissus décomposés et pulvérulents, comme cela avait lieu auparavant, se fixeront sur le bois sain et solide, et reprendront même la forme primitive, au point de ne laisser, à l'extérieur du moins, qu'une cicatrice vive, bien régulière et à l'abri de toute action destructive provenant du dehors.

Ces puissants moyens curatifs, bien souvent employés, ont toujours parfaitement réussi, et l'on devrait y avoir recours plus fréquemment pour sauver certains arbres rares, précieux, ou presque historiques, au lieu de les laisser périr après une longue agonie qu'il eût été facile de prévoir ou d'arrêter.

Le domaine de Pinon notamment offre plusieurs exemples d'arbres ainsi *restaurés* il y a vingt ou trente ans, qui, rendus à la santé, à la vie peut-être, par ce traitement, ont repris une forme régulière, et dont le tronc ne présente à sa surface aucune solution de continuité.

Un chêne entre autres, âgé d'environ cent ans, parfaitement cicatrisé et guéri, par ce procédé, d'une plaie ancienne, large et profonde de 15 à 20 centimètres, sur une longueur de plus de 2 mètres, a reçu des bûcherons le nom de *chêne à la bûche*, et est souvent cité par eux pour témoigner de l'efficacité de l'opération.

On a quelquefois aussi employé avec succès un procédé analogue, qui consiste à remplir les cavités, bien assainies préalablement, avec des moellons enduits de ciment et tassés jusqu'à l'orifice de la plaie, dont la surface, rendue bien unie, ferme et verticale, est recouverte de coaltar. Dans ces conditions, et surtout si l'on a soin de remplacer les mortiers ordinaires par la chaux hydraulique ou le ciment romain, — et non par le plâtre, comme on l'a fait depuis plusieurs années sur nos promenades publiques, attendu que cette substance éminemment hygrométrique et absorbante ne tarde pas à se détacher sous les influences atmosphériques, — on obtiendra les meilleurs résultats. Il est facile de s'en assurer en visitant certains vergers de Normandie ou de Picardie, dont les arbres à pepins réclament fréquemment ce traitement qui leur réussit fort bien, et en contemplant quelques-uns de ces arbres séculaires, devenus parfois historiques, que, malgré les destructeurs et les révolutions, on voit encore debout dans quelques villes ou villages et auxquels ce traitement aura été instinctivement et pieusement appliqué, plus ou moins bien, par la main charitable d'un ami de la nature, soucieux encore du culte des souvenirs et des gloires du passé.

CONCLUSIONS

Ces utiles travaux de direction et de conduite des arbres par une sorte de taille raisonnée et progressive, dont je n'ai pu donner ici qu'un aperçu fort incomplet, doivent être exécutés dans l'année qui suit celle de la coupe d'exploitation, et renouvelés au moins à chaque révolution, si l'on ne peut l'opérer une seconde fois pendant sa durée, ce qui sera toujours préférable si l'on veut obtenir plus sûrement la complète disparition de tous les bourgeons, nodosités ou brindilles sur le corps des arbres.

Au retour périodique de chaque coupe, on trouvera sur le sujet toutes les plaies, précédemment ouvertes par la suppression de la première couronne, parfaitement cicatrisées, *sans exception*, et les branches de la couronne supérieure, seulement raccourcies ou châtrées avec brindilles d'appel, encore vivantes, quoique n'ayant pris relativement qu'un faible développement.

C'est sur les branches composant cette seconde couronne, traitées et raccourcies à la précédente exploitation, que sera cette fois dirigée l'opération, qui consistera à les couper rez-tronc, si l'arbre est jugé dans de bonnes conditions pour bien supporter ce nouveau prolongement de sa tige et en profiter utilement.

Ces principes et leurs moyens d'exécution, adoptés presque sans conteste et sans réserve pour les arbres forestiers, s'appliquent mieux encore et plus facilement à ceux de diverses essences plantés soit isolément, soit en lignes, sur le bord des routes ou des canaux, puisque l'on peut, en tous temps et en toute saison, surveiller ces arbres, les aborder et porter un prompt remède aux déviations que leur végétation pourrait présenter.

Quant à l'emploi du coaltar pour le pansement des plaies, quelque étendues qu'elles soient, il est inappréciable et supérieur à tous les autres procédés en usage jusqu'à ce jour.

1° Il protége contre toute décomposition, pourriture ou carie, la portion de bois que la section des branches supprimées a mise à découvert, en la préservant complétement de tout contact avec les influences atmosphériques, dont les fréquentes alternatives sont si nuisibles.

2° Il prévient l'évaporation et l'écoulement de la séve qui afflue à la partie amputée : la séve, en effet, arrêtée par cette couche tenace à l'extrémité des tubes ou vaisseaux séveux qui ont été tranchés, s'utilise aussitôt tout entière à la cicatrisation rapide de la plaie.

3° Il éloigne, par la dureté qu'il acquiert et qu'il communique au bois, aussi bien que par l'odeur qu'il répand et conserve, les nombreux insectes destructeurs qui, en l'absence de ce traitement, viennent, après s'être nourris de la séve surabondante à la surface de la plaie, déposer leurs œufs ou leurs larves dans le bourrelet de la jeune écorce, impuissante alors à la recouvrir.

Le coaltar ainsi appliqué, en préservant, comme je viens de le dire, la portion de bois parfait et surtout l'aubier mis à nu des influences atmosphériques qui ne tarderaient pas à les corrompre, a en outre le précieux avantage de faire périr par son contact et même par son voisinage les insectes destructeurs logés dans les cavités où ils se nourrissent. Il s'oppose donc ainsi à leur multiplication et à leur dispersion sur tout le corps de l'arbre, d'où, partis d'abord d'une seule plaie gangrenée ou nécrose, ils finissent souvent par faire invasion dans le massif tout entier, et même par s'étendre de proche en proche sur toute une forêt. Le scolyte de l'orme, celui du pin sylvestre, celui du sapin des Vosges, et bien d'autres encore sont au nombre de ces dangereux ennemis, qu'il est prudent, urgent même d'écarter.

4° Enfin il met la plaie, recouverte d'une seule couche au pinceau, à l'abri de toute attaque de la part des nombreux oiseaux de la famille des *pics*, vulgairement appelés piverts, colettes ou becbots ; car ceux-ci, profitant de la décomposition rapide du bois pour y chercher comme aliments les insectes qui le rongent ou pour y faire leurs nids, creusent des trous profonds dans l'intérieur du tronc, et ces cavités, recevant et conservant les eaux pluviales, dégénèrent en ulcères, gouttières et caries par suite desquels les plus beaux arbres perdent souvent tout leur avenir et tout leur prix [1].

---

[1] Le coaltar ou black (résidu bitumineux de la houille dont on a extrait le gaz ; son prix, souvent nul, ne dépasse jamais un centime le litre) s'applique à froid et à l'état liquide avec des pinceaux ou brosses en crin de 15 à 18 centimètres de tour. S'il arrivait que, sous l'influence de froids rigoureux, il cessât d'être liquide, on lui rendrait facilement cette propriété en l'approchant du feu.

Aucun enduit ni onguent ne peut lui être comparé : il a la propriété de se fixer à froid sur le bois vert aussi bien que sur le bois desséché, de ne jamais couler sous l'influence de la chaleur atmosphérique, de n'arrêter en rien l'accroissement des lèvres de la cicatrice, et de préserver complétement de toute décomposition les parties de bois ou d'aubier sur lesquelles on l'applique, avantages qu'on n'avait jamais obtenus d'aucun onguent, peinture, enduit, goudron végétal ou bitume employés jusqu'à ce jour.

RÉSULTATS OBTENUS

RECONNUS ET CONSTATÉS, PAR LA TAILLE ET CONDUITE PROGRESSIVE DES ARBRES
DE HAUT JET.

1° Faculté de réserver et d'entretenir, sur une surface donnée en futaie sur taillis, un nombre presque double de sujets-réserves, baliveaux et arbres de remplacement, en raison de la diminution du diamètre de la tête feuillue laissée à chacun, et, par suite, facilité de les conduire et diriger bien perpendiculairement, sans avoir à craindre que leur flèche ne soit dominée, arrêtée, détournée de la ligne verticale, ou même brisée par les arbres voisins[1].

2° Augmentation sensible du développement et de l'accroissement du corps et des parties industrielles des arbres, qui, débarrassés de toutes entraves, des nœuds et branches pendantes qui arrêtaient ou absorbaient la séve, peuvent retenir à leur profit toute celle-ci, en raison de la direction naturelle et verticale rendue aux tissus ligneux ou vaisseaux conducteurs de ce généreux liquide, dont le mouvement de circulation devient aussi rapide et facile qu'il est possible de le désirer.

---

[1] Le nombre d'arbres d'essences diverses ainsi obtenus et conservés à chaque coupe par l'emploi de cette méthode, en moyenne sur des taillis aménagés à seize ans, ne s'est pas élevé, en quarante années, par hectare, à moins de 50 arbres vieilles écorces de soixante à cent ans, 40 modernes pour remplacement, 20 baliveaux de deux âges et 20 de l'âge du taillis. Total, 130 sujets-réserves par hectare.

Par suite, obtention vraiment merveilleuse de pièces de charpente de grandes longueurs, saines, droites, et, par conséquent, d'un prix fort élevé, que l'on n'aurait pas pu se procurer sans l'emploi de cette méthode, surtout dans le régime forestier des taillis-sous-futaies.

5° Diminution des chances de fractures des maîtresses branches, doubles têtes et fourches sur embellage, sous l'influence des ouragans, des neiges ou des verglas.

4° Absence complète de toute déviation ou déperdition de la séve par les amputations, dont le parallélisme avec les vaisseaux séveux et les tissus ligneux, ainsi que le pansement immédiat, s'oppose à tout écoulement anomal; prompte et facile cicatrisation des plaies récentes par suite de leur section nette et verticale; et enfin suppression et guérison assurée, sans qu'il en reste aucune trace, de tous chicots ou rabats chancreux dus aux élagages vicieux antérieurs, et conséquemment disparition des blessures, ulcères, gouttières et caries, qui abrégent la vie des arbres et leur ôtent tout au moins leur plus grande valeur.

En effet, les parties mises à nu par l'opération presque chirurgicale qu'elles ont subie, préservées aussitôt, par le pansement, des influences délétères de tout genre, ne tardent pas à se recouvrir complétement par suite du travail incessant du cambium ou séve descendante, qui, circulant abondamment sur la couche du liber interrompue en un point restreint seulement, enveloppe bientôt, pour ainsi dire, cette lacune, en agissant de la circonférence vers le centre par le gonflement et l'extension de ses fibres, et rend à la partie industrielle toutes ses qualités et conditions de durée.

Notre méthode de section rez-tronc fait donc disparaître

toutes les causes de vices, de langueur, de maladies ou de mort, énumérées plus haut ; elle a, en outre, la précieuse propriété de rendre aux fibres ligneuses, par la suppression des grosses branches s'élançant du corps de l'arbre, leur parallélisme et leur verticalité dans toute la portion nouvelle, qui, recouvrant et enveloppant, pour ainsi dire, la surface planc et saine de la cicatrice, ajoute, par la superposition régulière des couches annuelles, une riche production de bois de droit fil (grav. 12, E), propre à la fente et à toutes les industries.

Cette masse de bois nouvellement produite et obtenue, dont les fibres ont repris leur direction naturelle et verticale par suite de l'amputation rez-tronc, sera donc propre à la confection de précieux objets industriels, tels que lattes, merrain, enfonçures, etc., tandis que, si les grosses branches (grav. 12, A) insérées dans le corps de l'arbre, et formant un angle quelconque avec lui, avaient été conservées, les fibres du sujet, détournées et entraînées dans la direction de ces branches (grav. 12, D), n'auraient plus laissé place à aucun des lucratifs usages mentionnés ci-dessus, puisque, par la forme courbe qu'elles auraient contractée, elles se seraient opiniâtrément refusées à la fente, ce qui est une grande condition de défaveur pour la valeur vénale.

Quelque longues et larges, en effet, que puissent être les plaies accidentelles causées par la foudre, la chute d'arbres voisins, le choc des moyeux et roues de charrettes ou fardiers, si l'on a soin de les visiter et de les mettre à vif dès qu'on les aperçoit, de les dégager de toute pourriture ou carie, de tout corps étranger, et de les panser au coaltar liquide sur leur surface entière, elles disparaîtront toujours en moins de deux années sans laisser aucune trace.

Les mêmes soins doivent être donnés aux meurtrissures ou foulures provenant de coups sourds, des piqûres et déchirures des griffes de maraudeurs. Ces lésions ne se révèlent d'abord à la surface du tronc que par un suintement et un faible écoulement de séve viciée annonçant le décollement de l'écorce sur ce point; mais il se forme bientôt une cavité envahie par de nombreux insectes de plus d'un genre attirés par ce liquide, et qui dégénère bientôt en ulcère plus ou moins étendu et toujours funeste pour l'avenir du sujet. Les décollements d'écorce ou brûlures dus à des effets d'insolation ou de gelées agissant dans de certaines conditions particulières, et attaquant spécialement le châtaignier, le tilleul et quelques arbres fruitiers, doivent subir le même traitement, qui, appliqué à temps et à propos, sera toujours efficace.

Il est, en effet, sans exemple qu'ainsi traitées ces lésions et ces plaies ne soient pas promptement guéries et cicatrisées, et ne disparaissent pas complétement, *quelles que soient leur étendue et leur surface.*

Ce résultat heureux ne sera que plus infaillible, si l'on a eu le soin de ne point meurtrir les alentours des plaies et de leur donner une forme oblongue et elliptique plutôt que ronde. On arrivera ainsi à ne couper transversalement et à angle droit que le moins possible de fibres et de vaisseaux, lesquels, comme je l'ai déjà dit, exécutent toujours presque exclusivement leur travail réparateur par leur rapprochement, et non par leur prolongement. (Grav. 15, 16.)

Une chose, en effet, bien digne de remarque, et qui vient à l'appui de cette observation, c'est qu'un anneau d'écorce, même fort étroit, enlevé à un arbre sur toute sa périphérie, coupant rectangulairement et interceptant toutes les voies d'alimentation, ne se régénère et ne se rapproche jamais : l'arbre languit alors et périt même dans un temps donné; tandis qu'une surface cent fois plus étendue de cette même écorce, enlevée dans la longueur et dans le sens des fibres, se cicatrise promptement sans laisser aucuns vices ou traces appréciables, et toujours en très-peu de temps.

5° Restitution, par la conduite et la taille progressives, sorte d'orthopédie et de chirurgie végétales, — aux baliveaux ou modernes de 2 à 3 âges, les plus mal conformés et les plus contournés, — d'une forme régulière, droite, symétrique et bien équilibrée, qui leur assure un bel avenir.

Ces opérations, souvent préventives, destinées à remédier à des désordres prévus, et qui présentent, comme on l'a vu, quelque analogie avec les opérations chirurgicales, pourront être pratiquées dans un grand nombre de cas pour le traitement de beaucoup d'autres maladies organiques ou accidentelles, fréquentes chez les vieux arbres, mais que le manque d'espace nous empêche d'énumérer ici.

6° Augmentation sensible d'accroissement et de force des brins de taillis voisins, et, par conséquent, plus grande valeur pour le débit industriel périodique. Cette augmentation provient de ce que, dans les futaies ainsi traitées, la diminution imposée au volume de la tête feuillue des arbres permet à l'air et à la lumière, ces deux puissants éléments de la végétation, de pénétrer jusqu'au sol. Même résultat pour les arbres d'alignement, dont la funeste influence sur les plantations, cultures et récoltes qui les avoisinent, sur les routes qu'ils bordent et où ils jettent trop d'ombre quand on les abandonne à eux-mêmes, se trouve victorieusement combattue[1].

La comparaison des résultats des deux systèmes, mis en présence et presque en regard par les *specimens* intercalés dans le texte, suffira pour faire apprécier les inconvénients de l'ancienne méthode et l'efficacité de la nouvelle, appuyée sur près de quarante années de pratique et d'expérience. Cette comparaison sera d'autant plus facile, même pour les personnes les moins versées dans les études forestières, que j'ai eu soin d'écarter autant que possible les mots techniques ou empruntés trop directement au langage de la science.

La nouvelle méthode a, du reste, été appréciée, l'année dernière, dans son ensemble et ses résultats, et décrite avec autant de sagacité que de bienveillance dans plusieurs publications périodiques et notamment dans un article des plus flatteurs, inséré dans un des journaux de la Normandie, et dont l'auteur, résumant on ne peut mieux ce système encore nouveau et alors peu connu, en rendait compte en ces

---

[1] Cette sollicitude pour les produits agricoles, que les plantations assurent et protègent souvent, mais auxquels elles ne doivent jamais porter préjudice, ne devra pas étonner si l'on songe aux influences favorables des forêts sur la température et le climat, aussi bien qu'à l'abri et à la défense que fournissent aux récoltes contre les vents et les orages des plantations convenablement dirigées ; elle n'étonnera pas davantage si l'on veut calculer d'un autre côté les bienfaits de l'agriculture, assainissant, défonçant, labourant et fécondant le sol pour le rendre, par la culture, propre aux reboisements. On aurait tort, en effet, de méconnaître les services réciproques que se rendent l'agriculture et l'arboriculture et de se les figurer comme d'implacables rivales, tandis que, tout au contraire, elles sont, pour ainsi dire, d'inséparables et fidèles alliées qui doivent se prêter un mutuel appui. Comment en effet séparer les intérêts des plaines cultivées de ceux des forêts qui garnissent les sommets et les flancs de nos montagnes, puisque la fertilité et l'existence même des premières dépendent souvent de la conservation des secondes, qui les préservent des inondations et des débordements, divisent et détournent les orages, alimentent les sources, et maintiennent l'équilibre dans la température ?

termes clairs et précis : « D'abord il (M. de Courval) sur-
veille et dirige les baliveaux dès leur jeunesse, et les conduit progressivement jusqu'à leur formation complète, en
les soumettant à un élagage partiel et raisonné, et donnant
la plus grande longueur possible en bois sain, sans branches
et sans nœuds. Il évite ainsi les chances de torsion, en diminuant la largeur de la tête, tout en conservant à la partie
feuillue une longueur égale à celle du tronc, et favorise
l'ascension directe de la séve, en ne conservant que les
branches bien placées, par la suppression de celles qui sont
pendantes, horizontales, ou irrégulières et diffuses. Mais,
dans sa méthode, ces suppressions ne sont que successives et
ont lieu au retour périodique de chaque coupe ; alors, pour
les arbres dits modernes, il supprime au ras du tronc les
branches de la première couronne par une section verticale,
nette, franche et légèrement bombée, que l'on panse immédiatement au black ou coaltar, puis il raccourcit de 2 ou 3
mètres, suivant l'état du sujet, les branches de la deuxième
couronne et celles de l'intérieur de la tête qu'il juge inutiles
à l'alimentation ou mal placées, en leur laissant avec soin
tous leurs bourgeons et brindilles d'appel. La séve alors
trouvant une issue facile dans les branches supérieures, se
rapprochant d'une direction verticale par la forme régulière
donnée à l'arbre, et n'étant plus que faiblement appelée
dans celles rabattues, celles-ci cessent de s'accroître, tandis
que le tronc augmente de diamètre, de sorte qu'à la prochaine coupe, lorsqu'on les enlèvera au ras du tronc, la bles-
sure sera relativement moindre et la guérison plus rapide, et
toujours certaine avec l'emploi du coaltar. »

Après avoir démontré les nombreux avantages du nouveau

système de taille et de conduite progressives, il reste à prouver que la dépense, qui a semblé effrayer quelques personnes, convaincues du reste de sa supériorité, ne doit pas même entrer en ligne de compte, puisque la valeur du bois supprimé sera toujours suffisante pour couvrir le salaire de l'élagueur.

Si, en effet, un arbre de petites dimensions a produit en menu bois une très-faible valeur, l'élagueur aura passé fort peu de temps à le traiter.

Si, au contraire, il a dû en employer beaucoup à traiter et panser un arbre de grande taille, la valeur du bois provenant des suppressions jugées utiles suffira pour couvrir largement les frais de son salaire.

La question tout entière de la bonne direction à donner aux arbres est donc, comme je l'ai dit et le répète encore ici, de bien choisir ou de bien former les ouvriers auxquels on veut confier une mission aussi délicate, d'où peut dépendre, en bien comme en mal, l'avenir forestier, et de ne leur mettre en main cette serpe, qui peut devenir un instrument de torture et de destruction, qu'après s'être bien assuré qu'ils sont capables de s'en servir utilement. Sans cette sage et indispensable précaution, sorte d'examen dicté par la prudence, on risquerait parfois de prendre, comme on l'a vu plus haut, un tailleur d'habits pour un tailleur d'arbres, et l'on sait tous les graves inconvénients qui peuvent en résulter.

Les faits et les principes qui viennent d'être exposés et formulés ici sont loin d'être, en général, tout à fait nouveaux, et sont peut-être connus de bien des gens ; seulement personne, ou à peu près, ne se donne la peine d'en faire l'application pratique. C'est une arme dont on reconnaît l'utilité, mais qu'on garde dans le fourreau. Dès que l'usage en sera bien apprécié et adopté, tout le monde réclamera la priorité [1].

Mon seul mérite fût-il donc d'avoir réuni dans cet extrait et rappelé ces principes, de les avoir pratiqués avec soin et persévérance pendant de longues années, et de pouvoir les offrir aujourd'hui comme avantageux et utiles à adopter, que j'y trouverais une ample satisfaction.

Puissent-ils être appréciés et accueillis avec bienveillance et confiance! j'aurai atteint le but désiré, j'aurai vu combler mes vœux et réaliser mes espérances.

En tout cas, ne pas exprimer ses craintes, ne pas conjurer d'imminents périls, ne pas chercher à mettre un frein au

---

[1] Cela est si vrai, et l'homme est si souvent porté à s'imaginer qu'il a connu de tout temps une vérité qu'on vient de lui révéler à l'instant même, et si disposé à s'en approprier l'invention, que plus d'une fois de très-braves gens, qu'il est inutile de nommer, visitant pour la première fois des coupes de bois traitées selon la nouvelle méthode, ont dit naïvement au garde qui les y conduisait :

« C'est très-bien, nous reconnaissons les heureux effets de cette méthode ; elle est très-bonne; mais nous la connaissions avant vous, nous n'en avons jamais suivi d'autre; nous savions tout cela!

— Je vous en fais mon compliment, leur répondait tout aussi naïvement leur guide ; mais, si vous connaissez ce système depuis si longtemps, si vous en reconnaissez l'utilité, et si vous l'avez toujours suivi, vous devez avoir obtenu des résultats que nous serions bien curieux de voir ! Montrez-les; nous admettrons volontiers alors que notre travail n'a pour vous rien d'intéressant ni de neuf; mais jusque-là permettez-nous de douter, et d'attendre qu'à votre tour vous vouliez bien nous faire part de vos succès, que nous sommes prêts à constater avec autant d'intérêt que de plaisir. »

Le garde attend encore.

C'est un peu là le sort de toute chose nouvelle : les uns en nient l'utilité, les autres la blâment ; d'autres se l'approprient, et finissent par se persuader qu'ils l'ont toujours connue ou même qu'elle est de leur invention. Cette façon d'agir est plus commune qu'on ne pense; il faut avouer, du reste, que rien n'est plus commode : cela évite la peine de chercher et de réfléchir.

vandalisme menaçant, ce serait, de la part de tous ceux qui aiment, apprécient les forêts ou qui en possèdent, abdiquer, par une sorte de suicide, son rôle prévoyant et protecteur ; ce serait manquer à ses devoirs et mériter, pour ainsi dire, sa déchéance. Si, en effet, le culte des forêts est aussi vieux que le monde, si les anciens nous ont déjà signalé les dangers de leur disparition, si nos plus grands rois s'en sont émus, ne serions-nous pas coupables, au moment surtout où les questions forestières semblent mieux comprises encore et accueillies avec plus de faveur par l'opinion publique, de ne pas appeler, au nom de l'avenir, l'attention sur tout ce qui peut contribuer à leur conservation ?

Bien que je n'aie, en réalité, entrepris ici que de traiter de quelques vices et maladies des arbres forestiers, et que j'aie dû remettre à plus tard l'indication des meilleurs moyens de multiplication et de conservation, je ne puis cependant m'abstenir d'insister sur les graves inconvénients de l'introduction des charrettes et fardiers dans les coupes en exploitation, surtout pendant la première et la deuxième année, et en temps de végétation active, aussi bien que du séjour et même du passage des bêtes de somme ou des troupeaux quelconques. En effet, d'une part, le froissement des roues et des chaînes, le piétinement des bêtes de trait, et, de l'autre, le frottement, la dent ou même l'haleine des troupeaux, portent aux jeunes recrus ou rejets de mortelles atteintes : tantôt l'écorce se trouve violemment arrachée de la surface des souches, tantôt les animaux les broutent, les dessèchent par leur contact, ou les brisent et les font éclater au point qu'elles ne repoussent plus, et l'avenir forestier se trouve ainsi compromis.

Au milieu du grand mouvement des hommes et des choses, où l'immobilité n'est plus permise, au moment où la science, par ses rapides progrès même, nous crée de nouveaux besoins pour la satisfaction desquels on sacrifie parfois imprudemment nos plus précieuses ressources forestières, tous ceux qui, ne se préoccupant pas seulement du présent et de leur intérêt personnel, n'oublient pas le passé et pensent à l'avenir, ne devraient-ils pas, pendant qu'il en est temps encore, au lieu de rester spectateurs muets et indifférents, s'entendre et se liguer, pour ainsi dire, afin de signaler le danger, de marquer d'un sceau de réprobation les imprudents destructeurs, et de mettre enfin des bornes au torrent qui menace de tout engloutir?

Une pareille tâche, assurément, ne serait ni sans honneur ni sans utilité; et chacun ne serait-il pas fier alors de pouvoir s'attribuer une part quelconque dans ces heureux résultats?

Ne serait-ce pas d'ailleurs une douce et précieuse récompense pour ceux qui auraient conservé, embelli, sauvé ou créé même ces forêts ou ces vastes plantations couvrant d'une riche végétation des terrains autrefois vagues et stériles, des montagnes arides ou d'âpres rochers, appelant ainsi de proche en proche la fraîcheur et la fertilité sur des régions entières que leur dénudation avait rendues insalubres et inhabitables, que de contempler la verte et riche parure dont ils auront enrichi ces espaces désolés, de voir le bien qu'ils auront fait et de jouir déjà par la pensée des services qu'ils auront rendus à la postérité en lui léguant d'inépuisables trésors? Véritables bienfaiteurs de l'humanité, ils laisseraient après eux d'honorables souvenirs, qui, plus durables que bien des monuments élevés par l'orgueil des hommes, leur donneraient quelque droit, avant de quitter cette terre qu'ils auraient magnifiquement dotée, de graver avec confiance non sur des marbres orgueilleux, mais sur l'écorce de quelques-uns de ces milliers de témoins généreusement légués aux générations futures, ces mots toujours flatteurs que la postérité reconnaissante se garderait bien d'effacer :

> Exegi monumentum ære perennius,
> Regalique situ pyramidum amplius;

ou ceux plus chrétiens et plus modestes :

> J'ai fait un peu de bien, c'est mon plus bel ouvrage.

Ces monuments-là, moins coûteux, plus profitables et plus humbles assurément que ceux que bien des gens s'érigent pompeusement de leur vivant, transmettront mieux et plus utilement à l'avenir le souvenir de ceux qui les auront élevés, non point par un orgueil égoïste et pour leur gloire personnelle, mais dans le noble but de se rendre utiles aux autres.

J'avais désigné le but et tracé la tâche, j'avais promis d'indiquer les moyens de la remplir; je veux maintenant faire entrevoir la récompense à ceux qui, ne sacrifiant pas les dons de la nature au génie avide de la destruction, si puissant de nos jours, contribueront par quelques généreux sacrifices au bien-être et à la fortune de leurs semblables.

C'est avec conviction que je puis affirmer à ces âmes d'élite qu'un bienfait rendu à l'humanité n'est jamais perdu, et peut même donner, outre une grande et juste satisfaction à son auteur, quelques droits à la reconnaissance publique.

Quant à la forme déjà bien assez froide et précise, selon moi, que j'ai cru devoir m'imposer ici, si quelques personnes, ayant les oreilles fatiguées des *Grecs* et des *Romains*, me savent mauvais gré d'avoir un peu appelé à mon aide ces *peuples inhumains*, je les prierai de vouloir bien remarquer qu'il vient un moment dans la vie où il est difficile de rompre tout à coup de vieilles et douces habitudes, et, par la raison ou sous le prétexte qu'on parcourt incessamment les bois et qu'on fréquente les forêts, de se brouiller brusquement avec ses meilleurs et ses plus vieux amis, ses fidèles compagnons depuis l'enfance, ceux qui ont été nos maîtres en toutes choses, surtout peut-être dans nos études de la nature, et auxquels on pourrait si bien appliquer cette pensée de Cicéron : *Nobiscum peregrinantur, nobiscum rusticantur*.

Si même, en faveur de mon aveu, et trouvant que j'ai assez amplement sacrifié au langage technique et consacré, elles voulaient bien me donner gain de cause et excuser ma fidélité à de premières amours, je me permettrais de leur dire encore que, par ce dernier hommage de reconnaissance pour les leçons des anciens, j'ai espéré pouvoir enlever à mon sujet un peu de sa rudesse, en le parant, en guise de fleurs, des poétiques reflets de leurs ouvrages, et acquérir au moins quelque droit de dire aussi, heureux si j'ai pu rendre ce sujet digne de mes lecteurs,

Si canimus sylvas, sylvæ sint consule dignæ !

FIN DE LA PREMIÈRE PARTIE.

SECONDE PARTIE

RÉPONSE DE M. LE V^TE DE COURVAL

AUX OBSERVATIONS QUI LUI ONT ÉTÉ ADRESSÉES, EN 1861,
PAR UN SYLVICULTEUR A LA FOIS SAVANT ET PRATIQUE, A PROPOS DE LA PREMIÈRE
ÉDITION DE LA BROCHURE INTITULÉE :

*TAILLE ET CONDUITE DES ARBRES FORESTIERS ET AUTRES ARBRES
DE GRANDES DIMENSIONS*

AVERTISSEMENT

Flumina amem sylvasque inglorius !

Aujourd'hui que, malgré les prévoyantes promesses du
gouvernement, un vandalisme aveugle menace d'une exter-
mination presque complète les forêts de la France, il peut,
je le sais, paraître téméraire, ou au moins étrange, de venir

s'ériger en défenseur d'une cause si rudement attaquée et déjà si compromise et de vouloir sauver de la destruction les restes mutilés de nos grands bois; mais il est des devoirs de conviction qu'il faut remplir sans se laisser effrayer même par leur impopularité. Tout pénible qu'il soit de lutter contre des préventions et des préjugés, la tâche n'en est pas moins belle et honorable; il faut savoir la poursuivre avec dévouement, avertir ceux qu'un péril menace, leur montrer le précipice, crier au secours, ou, si l'on ne peut ni prévenir ni arrêter l'invasion, élever du moins contre elle une protestation courageuse.

Que les défricheurs, en effet (sorte de bande noire, égoïste autant qu'avide, abusant du présent sans se préoccuper aucunement de l'avenir, aussi étrangère aux prospérités passées du pays qu'à ses besoins futurs, sans respect pour les souvenirs d'un temps qu'elle renie, comme sans souci du temps qui doit suivre), que les défricheurs, dis-je, guidés par l'appât d'un gain immédiat et rapide, détruisent impitoyablement nos plus belles forêts, sauf à être parfois trompés dans leurs froids et avides calculs, et obligés de replanter les bois qu'ils avaient arrachés, on pouvait s'y attendre et le concevoir à la rigueur : tels hommes, telles actions! Mais que, les imitant ou s'associant à eux, de grands propriétaires, pères de famille, que l'État lui-même, se laissent séduire et emporter par cet entraînement fatal, c'est là ce qu'on a peine à comprendre, et ce dont on a droit de s'affliger.

A les voir agir ainsi, on ne peut que se rappeler *Saturne dévorant ses enfants.*

Malgré le contagieux penchant à détruire auquel semble s'abandonner notre époque, tout homme vraiment appréciateur et ami des forêts ne saurait donc rester froid et indifférent à la vue des désastres de tous genres qui menacent le pays par suite du déboisement et de la mauvaise exploitation.

Il est de son devoir, alors qu'il voit s'abattre sur les débris de nos belles forêts ces bandes avides, impatientes de s'en partager les dépouilles, dût-il succomber et ne point réussir à faire triompher sa noble cause, de protester au moins comme ce grand citoyen de l'antiquité, et de dire aussi :

Victrix causa Diis placuit, sed victa Catoni !

Heureux d'avoir rencontré récemment un des rares défenseurs des forêts, qu'il aime et cultive avec zèle, et dont il étudie consciencieusement les précieuses ressources, je saisis avec empressement cette occasion de le proposer comme un excellent exemple à imiter, et je donne ici à la suite des quelques questions qu'il m'a adressées les réponses que celles-ci m'ont suggérées.

Dans l'espoir que la franchise et la clarté avec lesquelles ces questions m'ont été posées auront été pour moi un utile prétexte de donner quelques profitables conseils, et afin de prouver personnellement à leur auteur l'importance que j'attache à ses judicieuses observations, je lui offre ici mes remercîments de ce que, par l'intérêt qu'il a bien voulu prendre à mes premières études, admises à l'Exposition agricole de 1860, et par les doutes qu'il a si obligeamment soulevés, il a appelé, pour ainsi dire, et motivé cette sorte de complément et de corollaire à la méthode que je le vois avec tant de satisfaction disposé à adopter et à pratiquer. Qu'on me pardonne donc de venir encore ici, répondant à son obligeant appel, parler longuement des forêts, et défendre la cause des opprimés, en exprimant de nouveau mes vœux et mes regrets. Mes penchants de jeunesse, mes habitudes et mes goûts me serviront d'excuse, je l'espère, et l'on ne s'étonnera pas de voir un forestier zélé saisir cette occasion de plaider encore ici la cause des forêts :

Navita de ventis, de tauris narrat arator.

A ceux toutefois qui blâmeraient la présomption que j'ai eue, simple praticien, et quand nos maîtres en sylviculture ne sont pas toujours d'accord ou ne se sont pas encore prononcés bien clairement, d'oser aborder et parfois même décider quelques graves questions, je ferai observer, tout en réclamant leur indulgence, que, si effectivement j'ignorais encore beaucoup de choses, ma position entièrement indépendante m'a donné du moins le rare avantage de pouvoir, sur une grande échelle, me livrer sans contrôle et en toute liberté d'action à des essais parfois hardis et à de nombreuses expériences, sans être soumis à cette responsabilité ni à aucune de ces entraves qui souvent, dans une administration, étouffent et paralysent les élans les plus courageux et les mieux raisonnés vers le progrès.

Plus heureux sous ce rapport et plus libre, j'ai pu tenter

et faire beaucoup, et je viens offrir ici, avec conviction et confiance, les résultats de mes observations personnelles et de mon expérience. Qu'on sache bien surtout que dans ces lignes, dues à une circonstance fortuite, je n'ai point eu la présomptueuse prétention de rien enseigner à ceux qui en savent plus que moi : je me suis uniquement proposé de donner à ceux qui ont bien voulu me consulter une sorte de Manuel utile et pratique, dans lequel j'ai exposé le plus simplement possible les procédés par moi employés, en m'efforçant de mettre mes conseils à la portée de toutes les intelligences et de toutes les fortunes.

PREMIÈRE OBSERVATION

M. de Courval, après avoir expliqué sa méthode, indique les avantages qu'elle procure.

Il engage d'abord à choisir dans les jeunes taillis les arbres que l'on veut plus tard conserver comme réserves, à les pincer, ébourgeonner, enfin à leur donner tous les soins qu'un jardinier donne à des arbres fruitiers.

RÉPONSE

On ne saurait, en effet, commencer trop tôt à donner aux jeunes sujets ou baliveaux qu'on destine à devenir un jour des arbres de réserve une forme et une direction bien ré-

gulières, bien équilibrées, et c'est dans le jeune âge surtout que doivent leur être appliquées cette taille et cette
conduite progressives qui font la base de mon système. J'attache, au reste, tant d'importance à préparer et diriger ainsi
les jeunes sujets dès qu'ils s'élèvent de quelques centimètres
au-dessus du sol, que j'ai cru devoir adopter pour épigraphe
du *Traité forestier* que je publierai bientôt ces vers si connus du poëte, et qui me semblent si bien confirmer l'utilité
des soins à donner, dès leur plus tendre jeunesse, aux arbres
d'avenir, afin de prévenir les désordres et les dangers qui les
menacent :

> Principiis obsta, sero medicina paratur,
> Cum mala per longas invaluere moras.

Si l'on peut, en effet, avec des soins tout à la fois minutieux et énergiques, réparer le mal et rendre à des sujets de
grande taille déjà mutilés par les éléments, ou par les
hommes, ennemis encore plus redoutables peut-être, les conditions de vitalité et d'accroissement dont ils avaient été
privés ; n'est-il pas plus sensé, plus facile et plus avantageux
en même temps, de prévenir ce même mal? ne vaut-il pas
mieux, en un mot, parer les coups et éviter les blessures que
d'avoir à les panser et à les guérir? C'est là précisément le
conseil que je ne saurais trop répéter, en rappelant ici que
le système que je recommande est, pour les végétaux, ce que
sont pour les hommes l'hygiène et certains moyens préven-
tifs, toujours préférables aux plus hardies applications de la
médecine et de la chirurgie, et auxquels il faut avoir recours,
comme l'a si bien dit le poëte, avant qu'il soit trop tard et
que le mal longtemps négligé ait fait d'irréparables ravages.

La découverte des maladies, des vices internes et cachés des végétaux, exige beaucoup d'études, d'observations, de soins, et la difficulté pour leur appliquer un traitement efficace est d'autant plus grande que, dans le cas qui nous occupe, les pauvres malades, victimes de l'empirisme, ne parlant plus *comme jadis*, ne peuvent nous éclairer sur les causes de leurs maux et ne nous les révèlent le plus souvent qu'après leur mort, au moment de leur autopsie, pour ainsi dire.

C'est donc par des soins constants, appliqués avec opportunité et en temps utile, que l'on rendra aux jeunes peuplements, espoir des forêts, tous les avantages que l'art prévoyant, venant en aide à la nature, réserve et prépare ainsi à l'avenir forestier. C'est par eux qu'on parviendra à remplacer bientôt des bois épuisés, mutilés, clair-semés et de faible produit, par de vigoureux taillis, par de hautes réserves en bonnes essences, d'un bel aspect, d'une forme agréable et régulière tout à la fois, et laissant circuler librement à grands flots, sous une écorce vive et lisse, une séve abondante et féconde.

C'est en agissant ainsi que le propriétaire ou l'administrateur d'une forêt pourra, tout en en augmentant le capital et le revenu, doter le sol de vraies et durables richesses, et que, le moment venu de jouir du fruit de ses laborieux sacrifices, il pourra, fier des améliorations qu'il ne devra qu'à sa persévérance et à ses soins, s'écrier avec une sorte d'orgueil, en comparant ses bois régénérés avec ceux qui les avoisinent :

Ipse adsum qui feci !

C'est enfin par de tels moyens, pour n'en citer que deux

exemples pris au hasard, mais loyalement constatés, qu'une
portion de bois de médiocre qualité, naturellement garnie de
taillis d'essences mêlées, charme, coudrier, chêne et aune,
et qui ne rapportait à son exploitation périodique fixée à huit
ans que 1 fr. 15 cent. net, plantée maintenant en châtaignier
pur, a donné dès la première coupe, au même âge, un produit de 9 fr. 99 cent., et qu'un terrain plus mauvais encore,
ne donnant en charme, chêne et bouleau, qu'un produit de
1 fr. 16 cent. coupé à seize ans, a donné, à la vingt et unième
année de plantation en pin sylvestre, un produit net de 8 fr.
40 cent.

On ne niera point que, dans ces deux cas, on n'ait obtenu,
par la culture des bois, une belle et rare augmentation de
revenu, puisqu'elle s'est accrue en si peu de temps de plus
de 300 pour 100.

Ces faits, pris au milieu de mille autres, démontrent suffisamment quel avantage on peut tirer de la substitution des
bonnes essences aux mauvaises, ou du moins à celles qui ne
sont pas propres à la nature ou à l'exposition du sol à boiser.
Dans le choix, en effet, et dans l'adoption de telle ou telle essence à introduire ou à favoriser, on devra toujours avoir soin
de tenir compte de l'exposition autant peut-être que de la nature du sol : ce sont deux conditions essentielles de réussite ou
d'insuccès. La connaissance de la physiologie végétale, l'analogie, l'observation sur place, une étude pratique attentive à
saisir les révélations les plus fugitives de la nature, seront
d'un grand secours pour cette appréciation.

DEUXIÈME OBSERVATION

Lors de la vente et de l'exploitation des bois, suivant le système de M. de Courval, ces jeunes arbres, soignés comme il vient d'être dit, ont été réservés comme baliveaux; il faut alors, à l'aide de bons instruments munis de longs manches, les débarrasser de toutes leurs branches adventices, doubles flèches, branches trop fortes ou gourmandes, branches pendantes ou même horizontales ou trop confuses, en ayant soin que le tronc de l'arbre ne soit pas plus long que la partie supérieure garnie de branches.

Vingt ans plus tard, l'arbre est devenu *moderne*, ou réserve de deux âges, il a été bien préparé par les tailles précédentes, il ne reste plus qu'à couper rez-tronc la première couronne de branches, ou trois de ces branches au plus, si leur nombre est plus considérable, et à raccourcir les branches de la couronne supérieure (cinq au plus) de manière qu'elles n'aient plus que de 1 à 3 mètres de longueur, en ayant soin que ces branches restent garnies de quelques rameaux nécessaires pour attirer la séve et leur conserver la vie, tout en les empêchant de prendre trop d'extension.

Aux coupes suivantes, on applique à l'arbre le même traitement tant que la végétation d'accroissement n'est pas arrêtée.

Le bois produit par l'ébranchage couvre les frais de l'opération.

L'avantage de cette méthode est d'avoir des réserves parfaitement droites, de grandes longueurs, et ayant par conséquent beaucoup de valeur comme bois d'œuvre.

RÉPONSE

Le résumé succinct et analytique de ma méthode reproduit dans l'observation ci-dessus montre avec évidence qu'elle a été parfaitement étudiée, comprise, appréciée, et qu'elle peut être appliquée avec tout le succès possible par l'auteur de cette note. Je lui rappellerai seulement que la même direction et les mêmes soins doivent, dans ce système, être donnés simultanément à tous les sujets-réserves de tout âge, jusqu'à la période de décrépitude, aussi bien qu'aux baliveaux, et j'insisterai sur la nécessité de ne retrancher aucune branche rez-tronc que par une section bien nette, aussi rapprochée que possible du corps de l'arbre et dans une direction toujours verticale et parallèle à ses fibres.

Je ferai observer aussi que, la base de ce système de taille, dite progressive et successive, consistant, comme l'indique son nom, à supprimer à plusieurs reprises, périodiquement même, et en y revenant à quelques années d'intervalle, les branches nuisibles ou mal placées, on doit les raccourcir d'abord à quelques mètres, arrêtant ainsi leur développement, et les préparant pour ainsi dire dès le début, afin d'arriver ensuite, sans aucun danger, à leur amputation complète et rez-tronc.

Je crois bon de rappeler encore ici que l'ensemble de cette utile opération ne doit être exécuté que dans le courant de l'année qui suit celle de l'exploitation, et que l'amputation devra toujours être accompagnée du pansement immédiat au coaltar, conseillé et pratiqué par moi depuis plus de quinze ans, afin d'obtenir une cicatrisation prompte et complète : celle-ci en effet ne fera jamais défaut, quelles que soient l'étendue et la surface de la plaie, car le coaltar, en pénétrant profondément dans cette plaie, la rend incorruptible et lui donne une dureté et une apparence pour ainsi dire métalliques [1].

Ces inappréciables avantages, vainement poursuivis jusqu'ici, n'avaient jamais été obtenus complétement, ni surtout d'une manière durable, par l'emploi d'aucun des onguents ou enduits de tout genre inventés et essayés sous divers noms français ou étrangers. Les plus récemment expérimentés sous

---

[1] Quelques personnes ayant demandé pourquoi je fixais l'époque des élagages à la première ou au plus à la seconde année qui suit l'exploitation, et pourquoi je n'attendais pas préférablement quelques années (dix peut-être) pour faire cette opération, je crois devoir développer ici les raisons qui, après bien des essais, m'ont dicté une semblable détermination. La première, c'est que, si l'on exécutait ce travail avant l'entière vidange des coupes, on serait constamment entravé dans le transport et le placement des échelles par les produits de tout genre qui encombrent le sol. La deuxième, c'est que les branches à supprimer, souvent très-volumineuses, en tombant sur es ramiers et les bois d'industrie non encore fabriqués ni enlevés et s'y mêlant, y causeraient de grands désordres et en rendraient le débit plus difficile. La troisième et la plus sérieuse, c'est que bien des brindilles ou bourgeons adventices qui ne se développent sur l'écorce des sujets-réservés que sous l'influence de l'air et de la lumière, dont ils étaient privés et garantis depuis la précédente coupe par les recrues de taillis qui les entouraient de toute part, n'auraient pas encore eu le temps de paraître et de se développer dans cette première année, et que, par conséquent, leur suppression, si importante cependant, ne pouvant avoir lieu, le but principal serait complétement manqué. La quatrième raison enfin, c'est qu'en remettant l'élagage à une époque plus reculée (six ou dix ans peut-être) après l'exploitation, outre le grave inconvénient de ne pouvoir se placer à distance convenable des sujets à traiter pour juger de la taille à leur faire subir, il serait extrêmement difficile de pénétrer et d'agir avec de longues échelles dans d'épais taillis; de plus, les branches supprimées causeraient par leur chute de regrettables et sérieux dégâts, et enfin il serait matériellement presque impossible de les enlever ou de les façonner.

On comprend que, ces inconvénients n'existant pas pour les plantations d'alignement et isolées, les observations ci-dessus ne leur sont pas applicables, et qu'on y peut pratiquer la taille et conduite à toute époque de leur âge, et même, grâce au pansement au *coaltar*, en toute saison.

nos yeux aux alentours de Paris, sur nos boulevards, dans les Champs-Élysées et autres lieux, n'ont pas tardé à se détacher et à disparaître en laissant les plaies à nu : ils coulaient ou s'exfoliaient selon les diverses influences atmosphériques, sans qu'il en restât à peine trace au bout de quelques mois.

TROISIÈME OBSERVATION

La première chose qui m'ait frappé dans la *Notice* de M. de Courval, c'est que, sur une propriété de 2,000 hectares, il n'ait appliqué son système, dans un espace de près de quarante années, que sur 100,000 sujets. Dans le même laps de temps il eût été appliqué à Prunoy[1], qui est d'une contenance moitié moindre que le domaine de Pinon, sur plus de 180,000 pieds d'arbres. M. de Courval n'a donc pas appliqué sa méthode à chaque arbre réservé, ou bien la quantité de réserve par hectare est beaucoup moins forte qu'à Prunoy.

RÉPONSE

C'est, en effet, par suite d'une erreur typographique que le chiffre 100,000 a été substitué à celui de 400,000 porté dans le manuscrit, et par inadvertance qu'il n'a pas été rec-

[1] Prunoy paraît être une des terres de M. le duc de Fezensac, située dans le département de l'Yonne, et confiée aux soins éclairés de M. Mouchon, qui serait l'auteur des observations et questions auxquelles je réponds ici.

tifié dans l'exemplaire qu'a eu sous les yeux l'auteur de l'observation ci-dessus.

Le balivage ou choix des jeunes sujets à conserver dans les coupes, la direction et la forme à leur donner aussi bien que l'espace libre à leur laisser, doivent être une des plus sérieuses préoccupations du forestier ; ce dernier ne saurait non plus trop surveiller leur conservation lors de l'exploitation, qui en détruit, ou au moins en mutile et en déshonore un grand nombre, si l'on n'y apporte une surveillance sévère et de tous les instants.

Pour arriver à ce résultat de conservation lors de l'abatage de la futaie-sur-taillis, on ne devra pas reculer devant la dépense qu'entraîne la suppression de toutes les branches jusqu'au sommet de l'arbre *abandonné;* on appelle cela *démonter* un arbre : cette opération facilite la direction à donner à sa chute, au moyen d'un cabestan portatif fixé à distance convenable, et a pour but d'éviter que sa cime feuillue, large parfois de plus de 15 mètres, n'atteigne et ne brise, comme il n'arrive que trop souvent, les baliveaux et autres sujets marqués pour réserves qui se trouvent aux alentours, ou qu'il ne se fende ou ne s'éclate lui-même en heurtant la terre.

Rien ne s'oppose à ce que, pour l'accomplissement de ce travail difficile et dangereux, les ouvriers s'arment de griffes ou crampons, inoffensifs cette fois, puisque l'arbre, arrivé à la fin de sa carrière, n'a plus besoin qu'on le ménage et qu'on s'occupe de son avenir.

Quant au nombre de baliveaux à réserver par hectare, il est difficile de le déterminer avec quelque régularité, car il doit nécessairement être toujours subordonné aux dimensions qu'atteignent les essences dominantes, aux besoins et aux usages du pays, et surtout à la qualité et à la nature du sol, plus ou moins propre à produire des arbres de haute tige.

Mais on peut toujours et en tout cas, comme principe, engager ceux qui veulent préparer à leurs forêts un riche avenir et en augmenter sérieusement la valeur, à apporter le plus grand soin au choix, à la direction et à la conservation des baliveaux de un et de deux âges, et, pour ce qui est du nombre à réserver lors de chaque coupe périodique, à l'élever dans de justes limites et plus qu'on ne le fait en général, autant que la nature du sol forestier le permettra, et toujours de préférence sur les lisières, sur les bords des routes, chemins ou allées, où les arbres peuvent prendre plus d'accroissement sans nuire aux rejets ou recrus du taillis[1]. C'est ainsi que j'ai constamment agi depuis près de quarante ans, et je n'ai eu qu'à m'en féliciter pour le présent, et bien plus encore pour l'avenir.

Outre ce que j'ai dit relativement au nombre de baliveaux d'âge à conserver, en se basant sur les coutumes et les exigences locales, il est encore une importante et utile recommandation que je veux faire ici, avant d'abandonner ces questions fondamentales de choix, réserve et préparation de ces jeunes sujets, espoir et richesse future de nos forêts.

Je conseille donc, dans cette délicate opération du balivage, de consulter non-seulement, comme je l'ai déjà dit, le

---

[1] N'est-ce pas en effet un beau capital qu'on se crée de la sorte ou qu'on laisse après soi; et ne pourrait-on pas appliquer aux forêts ainsi aménagées, mieux encore qu'aux champs, ce vers de la Fontaine :

Un trésor est caché dedans,

et les comparer avec juste raison à la plus sûre et à la plus féconde des caisses d'épargne?

climat, ainsi que les besoins et les habitudes du pays, mais encore la nature du sol et du sous-sol, d'observer les essences auxquelles ce sol et ce sous-sol conviennent le mieux et qu'ils produisent le plus volontiers, avant de s'arrêter dans son choix et de donner la préférence à aucune d'entre elles. Souvent, en effet, l'adoption irréfléchie et trop exclusive de certaines espèces qu'on croit devoir favoriser et multiplier à l'excès, au préjudice de celles que le sol produisait naturellement, ne mènerait qu'à de mauvais résultats. En voulant imposer au sol des familles qui ne lui conviennent pas, et en y cherchant des propriétés qu'il ne possède pas toujours et en tous lieux à un égal degré, on s'exposerait à de grandes déceptions, l'on manquerait le but qu'on s'était proposé et l'on compromettrait son revenu au lieu de l'augmenter. Le chêne, par exemple, qu'en principe sans doute on doit chercher à multiplier à cause de ses nombreuses et précieuses qualités, ne serait pas toujours impunément substitué au bouleau et même au tremble, qui, moins exigeants que lui, se contentent d'un terrain où lui-même ne prendrait aucun développement lucratif. Ce roi de nos forêts, dans ces conditions, n'offrirait qu'une végétation lente et sans profit, incapable de donner quelques chétifs produits avant un âge très-avancé, tandis que les autres essences, prenant dans les plus mauvais terrains un rapide accroissement, pourraient être utilement coupées trois fois périodiquement dans le même laps de temps qu'il lui faudrait pour atteindre un volume de quelque importance, et rapporteraient par conséquent beaucoup plus que lui, malgré la différence de leur valeur intrinsèque. Il faut donc, en résumé, quelque penchant qu'on puisse avoir à introduire et à naturaliser tous les végétaux à

la fois nouveaux et utiles, et notamment cette belle tribu des
résineux qui souvent, tenant lieu de toutes les autres, donnera une énorme valeur aux plus mauvais terrains, prendre
en général pour guide dans son choix l'aptitude du sol déjà
boisé qui nous est confié à produire telle ou telle espèce,
ne pas exiger de lui plus qu'il ne peut donner, en un mot
aider et favoriser les dons de la nature, sans vouloir, par la
contrainte et la violence, lui arracher ceux qu'elle ne saurait
toujours et partout nous offrir.

QUATRIÈME OBSERVATION

Le travail d'ébourgeonnage, de pincement et de taille à la
serpette, appliqué à de jeunes pousses, dans des taillis de
deux à trois ans, me semble assez difficile à cause du choix
à faire, et à peu près inutile. Dans le sol de Prunoy, on n'a
jamais été embarrassé pour trouver, lors de l'exploitation,
100 baliveaux par hectare, présentant toutes les qualités re-
quises pour faire un bon sujet à réserver.

RÉPONSE

Cet ébourgeonnage ou pincement, très-utile sans doute,
n'est conseillé et en général pratiqué que dans les peuplements artificiels et dans les pépinières, où il ne saurait être
trop soigné et trop fréquemment répété. Cependant des gar-

des soigneux et désireux de créer dans leurs bois de belles réserves peuvent souvent, en pliant ou brisant sur leur passage, même à la main, quelques branches gourmandes inutiles ou mal placées sur de jeunes baliveaux, contribuer à leur assurer une forme bien symétrique, une direction normale, et à leur préparer un bel avenir. En surveillant et réglant ainsi sans relâche la forme des arbres forestiers, afin de leur donner, par la suppression des branches mal placées, pendantes, ou *pleureuses* (comme les appellent nos élagueurs), un port droit et élevé, apte à profiter de toute la séve pour son accroissement, nous agissons, mais dans un sens exactement inverse, d'après les mêmes lois que les jardiniers dans l'opération appelée *arqûre*, qu'ils pratiquent parfois sur des arbres fruitiers obstinément stériles.

En effet, par cette ingénieuse opération, les jardiniers ont pour but, en dérangeant le cours de la séve, de la retenir dans les parties basses du sujet, afin d'y faire développer de nombreux rameaux à bois et à fruit, au lieu de la laisser se porter en pousses vigoureuses vers la cime. Il est donc tout naturel de conclure qu'en agissant pour les arbres forestiers dans un sens diamétralement opposé, puisqu'on se propose un but précisément inverse, on obtiendra les meilleurs résultats : dans ce dernier cas, il s'agit de faire monter librement et à grand courant la séve vers les parties hautes, destinées à un grand développement, et dans le premier, au contraire, de la retenir et de l'arrêter au profit des parties basses, que, par cette direction anomale, on veut forcer à se porter à fruit.

En résumé, après ces détails d'un ordre secondaire, je dois rappeler encore ici, comme principe, la nécessité de donner aux arbres de haut jet, dès leur jeunesse, ainsi que le font chez eux les pépiniéristes habiles, une tige élancée, droite, saine, de belle venue, et surmontée d'une tête oblongue, régulière, exempte de branches gourmandes ou confuses, bien proportionnée et bien symétrique.

Pour obtenir ces résultats si désirables, on devra, médecin prévoyant et sage, diriger et gouverner pour ainsi dire la circulation de la séve, de manière à éviter sa déperdition par des plaies trop considérables et trop nombreuses : il faudra, en conséquence, supprimer et faire disparaître scrupuleusement toutes les parties qui présentent quelque difformité ou irrégularité, sans jamais attendre qu'elles aient pris trop de développement.

C'est enfin une véritable taille, fréquente, presque continue, comme celle qu'exigent les arbres fruitiers, avec ses soins hygiéniques et curatifs, qu'on devra appliquer avec persévérance aux arbres de haut jet, si l'on veut, en assurant par de beaux peuplements l'avenir forestier, augmenter sa fortune et celle du pays.

Voilà le but, voilà les moyens de l'atteindre.

Une longue expérience m'a démontré que ces utiles opérations peuvent être également et sans le moindre inconvénient appliquées dès leur jeunesse à tous les conifères et résineux, et qu'elles donnent constamment les meilleurs résultats. Si les avantages de cette méthode ont été niés jusqu'à ce jour, c'est faute peut-être de l'avoir essayée, sur ces derniers arbres surtout.

Quant à la facilité avec laquelle, d'après l'auteur des observations, on trouve communément à réserver dans les coupes de Prunoy un nombre de plus de 100 baliveaux d'âge par hectare, c'est là une condition tout à fait exceptionnelle qui prouve la prodigieuse fertilité du sol forestier de cette localité véritablement privilégiée, puisque, dans les bois ordinaires aménagés de douze à vingt ans, on ne parvient pas, malgré bien des soins, à en trouver un nombre moitié moindre sur une égale surface, surtout en bois durs et présentant de bonnes conditions d'avenir.

CINQUIÈME OBSERVATION

Quant à l'élagage à faire subir aux baliveaux, il serait de peu d'importance, car il n'y en a peut-être pas 10 sur 100 dont le tronc sans branches n'ait pas la moitié de la hauteur totale de l'arbre.

RÉPONSE

Je rappellerai, au contraire, que j'ai insisté tout particulièrement sur les avantages et la nécessité de réserver, de choisir avec le plus grand soin, et de conduire ensuite par une taille progressive et raisonnée, les baliveaux d'âge, souvent si difficiles à trouver en nombre suffisant, en bonnes essences et dans des conditions satisfaisantes de vitalité. Selon moi, tout l'avenir des futaies-sur-taillis dépend des soins donnés à cette double opération, presque toujours négligée. J'ai dit aussi que, si l'on rencontre, lors des contre-plantations périodiques qui doivent suivre chaque coupe, de trop grands espaces dépourvus de baliveaux, on doit choisir dans ses pépinières, ou dans des réensemencements naturels, de beaux sujets d'essences appropriées à la nature du sol, et les planter à des distances convenables. Chaque trou d'arbre exploité et enlevé doit aussi, après avoir été bouché avec soin, recevoir soit un de ces sujets, soit un certain nombre de plants en touffes pour traiter en taillis, et choisis parmi les essences les plus recherchées dans le pays, essences que, du reste, on devra substituer autant que possible (ainsi que je le développerai dans un prochain travail sur ce sujet) aux mauvaises essences et mort-bois, qui souvent étouffent et détruisent les plus beaux peuplements.

SIXIÈME OBSERVATION

Il me reste à examiner l'opération d'élagage appliquée avec réserve et discernement aux arbres modernes et à ceux dits vieilles écorces.

Si la théorie de Dupetit-Thouars (acceptée par un grand nombre de botanistes) sur l'accroissement en grosseur des arbres est vraie, chaque branche, chaque ramille sur cette branche, sont autant de petits arbres émettant tous des faisceaux fibro-vasculaires, des racines, qui, se prolongeant entre la tige et l'écorce au travers de la séve descendante (cambium), élaborée par les feuilles et les rameaux, vont rejoindre les racines de l'arbre en le grossissant annuellement de tous leurs faisceaux entrelacés ; si, dis-je, cette théorie est vraie, il doit s'ensuivre que chaque suppression de branche un peu importante doit être nuisible à l'accroissement de l'arbre.

L'endosmose, loi par laquelle on explique l'ascension de la séve, serait insuffisante si les bourgeons de l'arbre ne venaient pas à son aide, et si, par une forte aspiration, ils n'attiraient la séve jusqu'aux extrémités des branches ; or la suppression de celles-ci doit donc encore, dans ce cas, être nuisible à la végétation de l'arbre.

Un exemple frappant que j'ai sous les yeux est venu me confirmer ces théories.

La futaie du Parc et celle de Bellefontaine sont toutes deux du même âge, dans un sol à peu près semblable et de bonne qualité. Les arbres de la futaie du Parc ont plus de branches et sont moins élevés dans leur hauteur totale que ceux de Bellefontaine.

J'ai pris dans l'intérieur de chacune de ces futaies vingt arbres au hasard et à la suite les uns des autres. J'ai eu dans la futaie du Parc : hauteur moyenne du pied de l'arbre à la première branche, $9^m.50$; — circonférence moyenne, $0^m.96$; produit total des vingt arbres, en décistères, 76. Dans Bellefontaine : hauteur moyenne du pied de l'arbre à la première branche, $10^m.50$; — circonférence moyenne, $0^m.86$; produit total des vingt arbres, en décistères, 65 ; différence en faveur de la futaie du Parc, 11 décistères.

RÉPONSE

Je ne veux nullement discuter ici l'ensemble de la théorie

du célèbre botaniste; je dirai seulement que la pratique a prouvé qu'un trop grand nombre de branches laissées à un arbre, outre qu'il enlève à cet arbre sa plus grande valeur industrielle en bornant ou arrêtant le développement de sa tige, absorbe au profit de parties peu recherchées et sans valeur les éléments nutritifs qui auraient augmenté dans une forte proportion les dimensions de la portion industrielle et vraiment lucrative. En effet, toute la séve dépensée sans profit sérieux à l'alimentation d'une énorme tête réservée à un arbre de grande taille, tête hors de proportion avec les besoins d'attraction et d'élaboration de cette séve ascendante et descendante, aurait contribué à l'augmentation de la tige en longueur aussi bien qu'en grosseur. Si donc l'opération, pratiquée avec discernement et dans de bonnes conditions, doit, en réduisant à de justes proportions la tête ou houpier de l'arbre, supprimer toutes les branches inutiles ou mal placées, et surtout faire disparaître entièrement toutes les loupes, bourgeons ou broussins qui, sortant généralement du périmètre de l'arbre sur toute sa longueur quand on l'a élagué trop haut, interceptent, resserrent, détournent et obstruent les faisceaux fibro-vasculaires conducteurs de la séve, ce résultat préventif et immanquable n'aura dans l'application aucun des inconvénients que semblerait faire craindre la théorie de Dupetit-Thouars.

Une longue expérience a prouvé, au contraire, que l'arbre ainsi traité et conduit, conservant une somme de rameaux et de feuilles bien suffisante à son alimentation, prenait un accroissement plus rapide et acquérait en moins de temps, par suite de la prompte et facile circulation de la séve dégagée de toutes entraves et parcourant avec facilité des conduits réguliers, parallèles et verticaux, un développement plus considérable dans sa portion industrielle que s'il eût été abandonné à lui-même et fût resté chargé d'une tête ou houpier hors de proportion avec son corps.

La diminution calculée de la tête des arbres-réserves a en outre l'inappréciable avantage de rendre plus rares chez eux quelques-unes des maladies accidentelles auxquelles les expose la trop grande envergure ou étendue en surface de leurs maîtresses branches horizontales abandonnées à elles-mêmes, telles que la roulure, la lunure, la cadranure et autres vices qui leur ôtent leur plus grande valeur, et qui proviennent de la torsion que subissent ces branches par suite de la trop grande prise qu'elles offrent aux vents d'orage et même aux vents réguliers, en raison de la longueur du levier qu'elles leur présentent.

Quant aux fractures et ruptures complètes ou partielles, et aux autres ravages si fréquents que les ouragans, la neige, le givre ou le verglas, exercent sur les branches divergentes, démesurément longues, diffuses ou pendantes des sujets négligés, ils eussent été complétement prévenus si ces arbres avaient été soumis dès leur jeunesse à la taille et à la conduite que je ne cesse de recommander[1].

---

[1] On a pu voir en effet, lors des violentes tempêtes qui ont sévi sur certaines contrées, et notamment lors du coup de vent terrible qui, le 16 juin dernier, a renversé ou brisé en quelques minutes des milliers d'arbres, que ceux traités d'après ma méthode avaient échappé presque tous, tandis que ceux qui avaient été élagués outre mesure ou qu'on avait entièrement négligés n'offraient plus que de hideux squelettes et d'informes débris.

SEPTIÈME OBSERVATION

Ce sont donc les arbres les moins longs, mais les plus pourvus de branches, qui donnent un rendement en charpente plus considérable, sans compter qu'ils rendront encore, au moyen de leurs branches, plus d'écorce, plus de moulée, plus de charbon et plus de bourrées que les autres arbres plus élevés.

Si maintenant, mettant la théorie de côté, j'examine les bois de Prunoy pièce par pièce, je trouve que dans les bons terrains, c'est-à-dire dans plus des deux tiers de la propriété, la hauteur moyenne des arbres réservés est au moins de 9 mètres du sol à la première branche : la tige sans branches a donc environ une longueur égale à la partie supérieure pourvue de branches.

RÉPONSE

Il est plus que probable que cette différence n'est due qu'à l'état trop serré de la futaie de Bellefontaine, état par suite duquel les arbres auront, d'une part, été privés des éléments nutritifs qu'ils auraient dû trouver dans le sol, et, de l'autre, des influences atmosphériques qu'ils auraient ressenties plus librement s'ils avaient été plus espacés. C'est la seule explication possible à donner de l'anomalie exceptionnelle citée dans l'observation ci-dessus.

Quant au produit plus élevé en bois de charpente qu'on

aurait obtenu à Prunoy des arbres présentant, à grosseur à peu près égale, le moins de longueur, ce fait semble inexplicable et ne me paraît nullement fondé, puisque, au contraire, comme on le verra plus loin dans la réponse à la dixième observation, il est prouvé que la valeur vénale des maîtresses pièces de charpente augmente dans une énorme proportion dès qu'elles dépassent une longueur ordinaire et commune, et que, par conséquent, on doit s'estimer très-heureux quand, au moyen d'une taille et d'une conduite bien entendues, on est parvenu à augmenter cette longueur de quelques mètres de bois sain et sans nœuds.

En effet, on ne saurait le nier, et l'expérience de chaque jour le démontre, c'est par ce traitement raisonné, par ces soins intelligents et attentifs, qu'on obtient des pièces de bois de dimension exceptionnelle fort recherchées dans le commerce, et dont, par conséquent, on peut se défaire à des prix fort avantageux.

HUITIÈME OBSERVATION

Dans le tiers de la propriété, où le sol est de qualité inférieure, les arbres sont peu élancés, garnis de branches dans les deux tiers environ de leur longueur : la tige est par conséquent assez courte, mais elle ne le cède pas beaucoup en grosseur aux arbres plus élevés des meilleurs sols. Ce serait donc ces arbres qui auraient plus particulièrement besoin de l'application de la méthode de M. de Courval.

Dans un mauvais sol, l'arbre a beaucoup de peine à émettre ses racines, et celles-ci y recueillent difficilement les sucs nourriciers dont elles ont besoin; mais l'arbre ne vit pas seulement par les racines, il vit aussi par les feuilles, qui absorbent à elles seules presque tout l'acide carbonique nécessaire à la formation du bois. Si donc à ces arbres on retranche des branches sur environ un tiers de leur longueur, ne sera-t-il pas à craindre que ce ne soit au détriment de leur accroissement en grosseur?

RÉPONSE

La hauteur qu'atteignent les arbres forestiers étant, en général, proportionnée à la longueur qu'acquièrent leur pivot ou leurs fortes racines, comme semble l'avoir observé, ou deviné peut-être, le grand peintre de la nature [1], ce serait à tort qu'on voudrait obtenir, dans un terrain peu profond et à sous-sol imperméable, des sujets à tige longue et élevée. Aussi doit-on, dans de telles circonstances, ne pas chercher à leur donner les mêmes proportions que celles indiquées pour les terrains riches et profonds. C'est ici le cas de conseiller de supprimer dans ces sols ingrats les essences voraces et pivotantes, et de les remplacer par celles qui tracent et se contentent d'un sol plus aride et moins profond, telles que le

---

[1]   ..... Quæ quantum vertice ad auras
Æthereas, tantum radice in Tartara tendit.

(Virgile, *Géorgiques*).

hêtre, le bouleau, et surtout les conifères. Le mieux, dans de telles conditions, serait de ne conserver que le petit nombre de réserves nécessaires pour protéger et ombrager les semis naturels et les jeunes recrus, et d'aménager ainsi ces bois, qu'on peuplerait d'essences traçantes et peu exigeantes, suivant le régime des taillis simples, puisque les réserves ne pourraient jamais, malgré les soins les plus éclairés, acquérir assez de hauteur pour donner un produit capable de compenser le tort que causerait au taillis la large tête qu'on serait forcé de leur laisser.

Quant à la crainte que les sujets-réserves ne souffrent de la suppression d'un trop grand nombre de branches, elle ne serait fondée que si on les soumettait encore à l'ancienne méthode d'élagage, ou plutôt d'émondage, qui, les privant de leurs appareils respiratoires sur presque toute leur longueur, diminuerait ainsi et réduirait outre mesure leur mode d'alimentation, et les condamnerait, comme cela ne se voit que trop souvent, à une existence souffreteuse et chétive, suivie d'une mort prématurée. Il ne viendra à l'idée de personne, en effet, de nier que, si l'arbre ne vit pas seulement par ses racines, mais aussi par ses feuilles, qui absorbent à son profit tout l'acide carbonique nécessaire à la formation ligneuse, on lui porterait le plus grand préjudice en l'en privant outre mesure; mais on doit se rappeler que cette juste proportion à conserver au système feuillu est précisément la base de ma méthode, et qu'on n'a rien à craindre en s'y conformant.

NEUVIÈME OBSERVATION

Je ne parlerai pas du prix de main-d'œuvre de l'élagage. M. de Courval dit qu'il est couvert par le produit de l'ébranchage : avec des hommes exercés de longue date à ce travail assez périlleux, je crois, en effet, que cela est possible; mais il doit y avoir un long et coûteux apprentissage.

RÉPONSE

L'apprentissage de l'élagueur n'est ni aussi long ni aussi coûteux que paraît le craindre l'auteur de l'observation, si l'on a soin de choisir un élève jeune, adroit et de bonne volonté, et surtout si celui qui le forme est bien au courant de la méthode qu'il enseigne, bien convaincu de ses avantages, capable lui-même de le diriger, de le surveiller constamment, et si l'enseignement n'est donné que progressivement et par degrés.

Dans ces conditions, le produit de l'opération, pratiquée avec des instruments spéciaux perfectionnés et malgré l'obligation où l'ouvrier se trouve de les manier à peu près également et indifféremment des deux mains tour à tour, compensera toujours le salaire de celui-ci, et, une fois qu'on aura formé un bon élagueur, les élèves qu'on lui confiera s'instruiront promptement sous ses yeux par l'exemple, la pratique et l'observation.

L'élagage bien entendu et bien exécuté n'est donc jamais

une dépense, et son produit en bois de chauffage couvre toujours et bien au delà les frais de tout genre qu'il a pu nécessiter.

DIXIÈME OBSERVATION

Je vais maintenant examiner quel avantage on peut, dans nos contrées, retirer de la méthode de M. de Courval.

L'arbre, un peu moins gros peut-être, aura une tige sans branches, de 2 à 3 mètres plus longue que l'arbre non élagué. La pièce de charpente sera donc prolongée de 3 mètres avec un équarrissage égal, tandis que, dans l'arbre non élagué, on aura probablement fait un redan à la première branche, et les 3 mètres suivants porteront 3 et quelquefois 6 centimètres de moins à l'équarrissage, ce qui pourra donner, en moyenne, un décistère et demi de différence en faveur de l'arbre élagué et une plus-value de 6 francs, pourvu toutefois qu'il n'ait pas perdu cette plus-value par le moins de grosseur de la tige entière. Dans tous les cas, il rendra un peu moins en écorce, moulée, charbon, etc.

RÉPONSE

C'est bien là, en effet, que gît le véritable avantage, maintenant reconnu et incontesté, de ma méthode, laquelle, non-seulement permet de prolonger de plusieurs mètres, par une taille progressive et raisonnée, le corps de l'arbre, ce qui, pour certaines pièces de choix de jour en jour plus rares dans les futaies-sur-taillis, donne au sujet une valeur d'un tiers et quelquefois même de moitié plus considérable, mais a en outre le précieux privilége d'en augmenter sensiblement aussi l'accroissement en grosseur. Ce dernier avantage est dû à la suppression de toutes les loupes, nœuds, bourrelets, bourgeons et broussins, qui, comme je l'ai dit plus haut, détournent, interceptent et arrêtent la circulation de la séve, et s'opposent au développement des faisceaux fibro-vasculaires, comme cela a lieu chez presque tous les sujets abandonnés à eux-mêmes, et surtout chez ceux qui ont été imprudemment et maladroitement élagués.

Cette précieuse faculté d'accroissement donnée ou rendue au diamètre du corps des arbres n'est pas, du reste, une découverte nouvelle, car elle a été soupçonnée et reconnue même depuis longtemps. Plusieurs auteurs, parmi lesquels on peut citer au premier rang Varenne de Fencille, et plus récemment M. Delarue, inspecteur des forêts à Compiègne, ont publié ou recueilli de nombreuses et minutieuses observations qui ne laissent aucun doute à ce sujet, et qu'ils ont appuyées de calculs aussi exacts que complets, suivis pendant de longues années sur un grand nombre de sujets.

Ces faits, qu'a bien voulu admettre pour la plupart l'auteur de l'observation ci-dessus, sont maintenant reconnus et attestés par tous ceux qui ont étudié et surtout suivi sur place cette méthode. Il n'y a donc aucun danger ni aucun inconvénient à l'adopter; on ne peut, au contraire, qu'en retirer avantage et profit : l'expérience de trente années en fait foi.

ONZIÈME OBSERVATION

Voici maintenant une objection au point de vue du marchand. L'usage, dans le pays, est de faire de la latte avec tous les arbres de droit fil, en tronçonnant la tige par longueurs égales de 1^m.33 jusqu'à la première branche. Dans les bois de Prunoy, la latte constitue ordinairement la plus grande partie du bénéfice du marchand, en lui donnant, sur le prix de la charpente rendue au port, une plus-value de 2 francs environ par chaque décistère soumis à la fente. Or un marchand du pays, visitant une forêt traitée d'après le système de M. de Courval, estimera certainement plus cher une vente dont les arbres devront lui donner deux longueurs de fente de plus que ceux d'une vente ordinaire du pays ; mais, lorsque ces arbres seront abattus et écorcés, il s'apercevra alors de l'opération qu'on aura appliquée précédemment aux arbres, et il sera obligé de mettre en charpente ce dont il croyait pouvoir faire du bois d'industrie. De là, qu'elle soit fondée ou non, mais sans aucun doute, grande plainte de sa part.

RÉPONSE

Cette observation, bien naturelle sans doute, n'est cependant pas justifiée par la pratique, comme on pourrait le supposer.

Trente années d'exploitations soignées et consciencieuses en bois de fente de toute espèce, suivies dans le plus minutieux détail, ont prouvé que le prolongement de la tige de l'arbre et la suppression de tous bourrelets, branches, nœuds couverts, bourgeons ou broussins, dont parfois l'arbre est atteint jusqu'au cœur, permettent, au contraire, en rendant le bois parfaitement sain et de droit fil, et en conservant à ses fibres et à ses rayons médullaires une régularité, un parallélisme parfaits, d'en tirer une bien plus grande quantité de beau bois d'industrie avec beaucoup moins de perte que si les sujets avaient été abandonnés à eux-mêmes, et surtout que s'ils avaient été mutilés, je me sers à dessein de cette expression, par les élagages irréfléchis et barbares auxquels on les soumet généralement.

Cette assertion toute nouvelle pouvant paraître un peu hardie, je vais entrer dans quelques détails pour qu'il soit bien prouvé que non-seulement la suppression d'une maîtresse branche elle-même ne nuit pas plus à la qualité qu'à la quantité de bois de fente ou d'industrie à obtenir du corps d'un arbre, mais encore que, au bout de quelques années, elle y ajoute considérablement. En effet, si l'on eût laissé à une branche mal placée toute sa longueur, ou qu'on l'eût seulement raccourcie sous forme de chicot plus ou moins prolongé, il y aurait toujours eu déviation et détournement des tubes fibro-vasculaires du corps de l'arbre qui alimentaient constamment cette branche formant un angle avec lui, et, par conséquent, impossibilité de tirer de cette portion aucun bois d'industrie de droit fil et de quelque longueur; tandis que, en la supprimant aussi près que possible du périmètre du tronc, sa section sera aussitôt recouverte par de nouvelles zones ou couches concentriques d'accroissement annuel, qui, l'enveloppant, pour ainsi dire, et passant outre, reprendront et conserveront une direction droite et verticale, et offriront un jeune bois parfaitement propre à tous les usages, en ne laissant à la surface de la section qu'une solution de continuité presque insensible et d'autant plus insignifiante, qu'étant parallèle aux fibres du bois, elle ne leur enlèvera rien de leur force.

Il est donc évident qu'on trouvera dans cette nouvelle portion de bois de droit fil ou de fente ainsi obtenue et ajoutée à la portion industrielle du corps de l'arbre sans aucun danger et à peu de frais une sérieuse augmentation de valeur, et qu'en appliquant cette méthode à des milliers de sujets on accroîtra prodigieusement le capital et le revenu forestiers, puisqu'elle réussit également bien pour les bois d'œuvre et de charpente et pour les bois d'industrie et de fente.

Un simple examen suffira pour démontrer qu'entre la surface coupée net et pansée au coaltar et les nouvelles fibres d'accroissement qui la recouvrent immédiatement, il reste à peine un faible écartement ou fissure presque imperceptible et ayant beaucoup d'analogie avec les fentes ou gerçures naturelles provenant de la dessiccation, lesquelles se développent sur de bien autres proportions, sans rien ôter au bois d'œuvre, comme tout le monde le sait, de son élasticité, de sa force ou de sa souplesse, et sans qu'aucune partie appréciable du bois destiné à l'industrie ait le moins du monde à en souffrir.

Tous les bûcherons, ouvriers fendeurs et autres, consultés à ce sujet, proclameraient unanimement ces heureux résultats; nul d'entre eux ne s'est jamais plaint, pour le chêne en particulier. Tout au contraire, ils se plaisent à conseiller et à démontrer l'application d'une méthode qui, en augmentant la somme de bois ouvrable, leur procure plus de travail et plus de profit.

Les marchands semblent généralement du même avis, et

leur empressement à venir solliciter à bon prix des ventes en grume ou même sur pied prouve assez la confiance que leur inspirent, pour la fente comme pour les pièces de sciage et la charpente, les arbres traités depuis plus de trente ans par ma méthode.

Ce que j'ai dit et conseillé pour tous les arbres à feuillage caduc, sans en excepter même ceux qui, par suite d'un préjugé, ont été jusqu'ici privés de toute espèce de taille, tels que le charme, le tulipier, le bouleau et quelques autres, peut s'appliquer également, avec le même succès et sans le moindre danger, aux grands résineux. Ceux-ci, en raison de leur forme naturellement élancée, n'exigent pas, il est vrai, aussi impérieusement que les premiers la suppression d'un certain nombre de branches, dont ils se trouvent, du reste, naturellement débarrassés par le manque d'air et de lumière, dans les futaies pleines surtout ; mais ils n'en ont pas moins besoin d'être guidés et conduits.

Malgré donc tout ce qu'on a pu dire et écrire de contraire jusqu'à ce jour, l'expérience m'a clairement démontré que, même dès l'âge le plus tendre, les conifères en général ne redoutent nullement l'amputation de leurs doubles têtes, ni de leurs branches basses ou mourantes ; et j'ajouterai, contrairement encore à l'usage reçu, qu'elles doivent toutes être coupées rez-tronc et pansées aussitôt au coaltar.

En effet, en examinant quelques planches provenant même des plus beaux pins, on peut voir qu'elles sont souvent percées de trous nombreux. Ces trous proviennent de branches mortes, mourantes, ou coupées à chicot, devenues presque incorruptibles par la quantité de résine qui s'y est accumulée, et qui, peu à peu entourées et recouvertes dans leur périmètre par les couches ligneuses d'accroissement annuel de l'arbre, n'ont jamais fait corps avec lui, mais y sont restées insérées avec leur écorce même, comme un corps étranger, une sorte de cheville. Puis, lors du débit en bois d'industrie, cette espèce de cheville, se détachant et tombant, laisse un vide dans le bois, qui, devenu impropre à divers usages précieux, perd ainsi une partie de sa force et de sa valeur. D'après ma méthode, au contraire, ces branches basses inutiles ou déjà même parfois en état de décomposition, coupées rez-tronc en saison convenable, et pansées immédiatement au coaltar, afin de prévenir l'écoulement de la résine et de hâter la cicatrisation, n'eussent, comme nous venons de le démontrer plus haut pour le chêne, laissé entre les quelques fibres voisines de l'amputation qu'une trace à peine visible, sorte de fente ou crevasse sans conséquence et sans danger pour l'avenir; et, je le répète, cette opération prudente, conservant à l'arbre toute sa force et toute sa souplesse, eût contribué aussi à lui faire atteindre les proportions les plus satisfaisantes.

Quant aux craintes que pourraient concevoir certaines personnes relativement aux suites possibles de pareilles amputations pratiquées sur les conifères, comme, par exemple, un écoulement de sève trop abondant, ou toute autre maladie, la meilleure preuve qu'elles ne sont point fondées, c'est le fait bien reconnu de la facilité avec laquelle, en général, cette essence, même dans les sujets âgés de quarante ans et plus qu'un accident quelconque a privés de leur flèche sur une longueur de plusieurs mètres, peut reformer une nouvelle tête au moyen d'une des branches latérales qui sera restée dans le voisinage de la fracture. De cette branche on obtient facilement, par la suppression de toute la couronne ou verticille, moins une branche bien choisie, la flèche nouvelle, qui, reprenant la même direction verticale et le même développement, remplacera bientôt celle qui avait été détruite[1]. Si donc, à un âge déjà relativement si avancé, les résineux peuvent supporter d'aussi graves opérations, à plus forte raison seront-ils aptes, dans leur jeunesse, à recevoir la direction et la taille qu'on voudra leur appliquer. On trouvera même de l'avantage, au point de vue forestier, à procéder ainsi sur des sujets isolés dans les coupes sombres ou claires, et dans des réensemencements naturels ou artificiels : là, en effet, on a le plus grand intérêt à laisser le jeune peuplement jouir, dans une certaine mesure, des influences atmosphériques, et surtout s'élever librement et également sur toute la surface à reboiser, de manière que ces recrus ou ces peuplements soient pleins, réguliers et sans lacunes.

Une amputation nette, avec pansement, de la flèche brisée et des fortes branches verticillées qu'on aura dû supprimer, pour ne réserver que celle destinée à remplacer cette flèche, sera, je le répète, promptement cicatrisée et ne laissera que peu de traces. C'est une preuve évidente qu'on peut impunément supprimer au besoin des maîtresses branches reztronc à tous les résineux forestiers, et qu'il y a même avan-

---

[1] Quel que soit, en effet, l'âge d'une conifère dont un accident quelconque aura détruit la flèche terminale, si l'on veut remplacer cette flèche et rendre au sujet sa forme et son avenir, il faut aider et seconder efficacement l'action prévoyante de la nature, qui, aussitôt après la perte de cette cime, donne à toutes les branches de la dernière couronne verticillée contiguë à la rupture la précieuse faculté de se redresser instantanément et de prendre une direction verticale pour suppléer la flèche qui a disparu ; on ne devra donc pas hésiter à ne laisser de cette verticille qu'une seule branche choisie parmi les plus vigoureuses et les mieux placées, et à supprimer toutes les autres. On redressera et maintiendra même dans ce cas, au moyen d'un tuteur, celle dont on aura ainsi fait choix, et elle ne tardera pas à remplacer complétement la flèche rompue.

tage à le faire. Si les branches voisines de la fracture qui
sont restées intactes avaient déjà pris un trop grand accroissement pour qu'on pût espérer de les amener à prendre
la direction verticale, on aurait alors recours aux bourgeons
adventices qui généralement surgissent près de la rupture, et
qui, munis de tous les éléments nécessaires, sont tout prêts
à remplacer la tige brisée; dans ce cas, on ne conserverait
que celui de ces bourgeons qui paraîtrait le plus vigoureux
et le mieux placé. On ne parcourrait pas longtemps de
grandes plantations de résineux sans trouver de nombreux
et encourageants exemples de ce que j'avance. Si, pour com-
pléter ces observations, on veut bien se reporter aux premiers
soins à donner, soit dans les pépinières, soit dans les semis
naturels, aux jeunes résineux de deux à dix ans, je puis affirmer que, pour la tribu des sapins surtout, pour celle des cèdres
et pour quelques autres genres précieux dont la flèche, à cet
âge, ne se développe souvent qu'avec difficulté par suite des
mauvaises conditions dans lesquelles se trouve le bourgeon
terminal, la simple torsion à la main, la cassure, ou l'amputation au sécateur de l'extrémité de toutes les branches de
la dernière verticille produira des résultats merveilleux. Cette
opération, en effet, rendant à la séve son cours normal, fait
développer rapidement la flèche endormie jusque-là, et, pro-
curant à l'ensemble du sujet ainsi traité un sensible accroissement, lui donnera l'avance de plusieurs années sur ses
voisins négligés[1]. Cette méthode, facile et toujours couron-

---

[1] La différence d'accroissement annuel des uns et des autres sera toujours de
un à trente environ, en quelques mois, surtout dans la belle mais parfois rétive et
capricieuse tribu des abies, et l'on verra toujours dans un même semis de quatre
ou cinq ans la flèche des sujets conduits et dirigés s'allonger, en une saison, de 30

née de prompts succès, est encore peu connue, négligée ou même blâmée par bien des gens. Cependant elle ne présente aucun des inconvénients ni aucun des dangers qu'on paraît redouter; elle offre, au contraire, pour l'avenir de sérieux et nombreux avantages; elle a, en outre, le mérite de n'être jamais assez dispendieuse, malgré le grand nombre de sujets à traiter ainsi, pour que les frais qu'elle occasionne ne soient pas largement compensés par le temps qu'elle leur fait gagner et la régulière beauté de forme qu'elle leur donne. Son utilité et sa nouveauté expliqueront cette apparente digression, tout en complétant ce que j'avais à dire au sujet des soins à donner aux arbres de grande taille, dès leurs plus jeunes années, pour leur préparer et leur assurer un bel avenir. Tous ces soins divers, particulièrement applicables aux arbres résineux, seront du reste, ainsi que tous les moyens et procédés de multiplication, plantation et conservation, indiqués plus clairement et avec plus de détails dans une prochaine publication spéciale, qui, je l'espère, ne sera ni sans utilité, ni sans intérêt.

DOUZIÈME OBSERVATION

Ce qu'il y a à approuver sans réserve dans la méthode de M. de Courval, c'est l'enlèvement des doubles flèches et la

à 40 centimètres au moins, tandis que souvent celle des plants négligés n'aura gagné que quelques millimètres, n'ayant pu parvenir à développer son bourgeon terminal.

suppression des branches tombantes et horizontales ; quand même cet élagage nuirait à l'arbre, le taillis, qui se trouverait dégagé par cet ébranchement, payerait, et au delà, par une vigoureuse croissance, le préjudice qu'on aurait pu porter à a réserve.

Toutes les observations que je fais ici peuvent être erronées ; il serait nécessaire, pour les rectifier ou les confirmer, de voir des bois soumis au système de M. de Courval, et, à proximité de ces bois, et dans un sol semblable, d'autres bois abandonnés à eux-mêmes. Il serait également utile de savoir ce que pensent les marchands de bois de cette méthode d'élagage.

RÉPONSE

Ma méthode a cet avantage, en effet, et l'auteur de l'observation ci-dessus veut bien le reconnaître, qu'on peut obtenir une plus grande longueur du fût ou corps de l'arbre, et aussi donner aux rejets ou recrus du taillis de beaucoup plus grandes et plus belles proportions en développement et en hauteur, par suite des influences atmosphériques qu'on laisse pénétrer jusqu'au sol qui les nourrit, ce qui augmente considérablement leur produit périodique.

Mais à ces diverses améliorations obtenues il convient d'en ajouter une, de la plus haute importance pour l'avenir des forêts aménagées en taillis-sous-futaie : c'est la possibilité de conserver, former et amener aux plus grandes dimensions, sur une même étendue de terrain, comme je l'ai déjà démontré, un nombre presque double de sujets de réserve, ayant une bien plus grande valeur industrielle que ceux qu'on obtient d'ordinaire par l'abandon des sujets, ou par leur élagage exagéré, mal compris et mal exécuté, tel qu'il est, malheureusement, à peu près appliqué partout.

Afin de résumer en quelques mots l'ensemble des procédés ci-dessus indiqués et développés, je répéterai encore qu'il ne faut jamais perdre de vue le but sérieux que doit se proposer avant tout le propriétaire ou l'administrateur d'une forêt, et qui consiste en ceci : chercher à obtenir, sur une surface boisée, le produit le plus élevé et le plus durable possible ; et, pour atteindre cet heureux résultat, réparer le passé, soigner le présent et préparer l'avenir.

Enfin, terminant par un conseil dont pourraient peut-être avec juste raison prendre leur part bien des gens lancés de nos jours dans des spéculations et des entreprises où bon nombre se sont parfois engagés assez inconsidérément et sans en avoir suffisamment calculé les chances, j'invite ceux qui auraient l'intention d'adopter et de pratiquer ma méthode à bien l'étudier auparavant, et, afin de ne pas faire fausse route, à avoir constamment présent à la pensée pendant le cours de leurs travaux cet excellent avis si brièvement énoncé par un ancien : *Cur? quomodo? quando?* et que je traduirai ainsi : *Se bien rendre compte du but qu'on se propose, bien étudier et appliquer les moyens de l'atteindre, saisir le moment favorable pour l'exécution.*

Une fois bien pénétré de tous les principes qui se rattachent à cette méthode, si l'on veut arriver franchement à de bons résultats, la première condition, pour les plantations faites ou à faire le long des routes, sur les lisières des terres arables et des prairies, consistera, pour les propriétaires, à ne jamais abandonner à leurs fermiers, mais à se bien réserver, au contraire, dans leurs baux, le droit exclusif de conduire à leur gré leurs plantations de tout âge. Ils pourront, dans ce cas, laisser aux locataires la jouissance des produits de toute espèce provenant de l'élagage pratiqué par leurs propres ouvriers, mais ils devront formellement leur interdire le droit d'y jamais ordonner ou faire eux-mêmes la moindre suppression. Ce sera déjà là un point important pour la conservation des arbres ; car le fermier, uniquement préoccupé de se procurer périodiquement le plus de bois possible provenant des rejets sortant de chaque nodosité que lui-même provoque par ses fréquentes mutilations, suivant le droit qu'il tient de son bail, et complétement indifférent à l'amélioration et à l'accroissement de sujets auxquels il n'a rien à prétendre, ne reculera devant aucune torture à infliger à ces arbres, sans s'inquiéter de la valeur qu'il leur fait perdre par ce traitement barbare.

Ne se dessaisissant plus de leurs droits sous ce rapport, les propriétaires, désormais à l'abri de ces dangereux abus qui privent leurs plantations de toute leur valeur et de toute leur beauté, pourront en toute liberté adopter le mode de taille et de conduite progressive décrit plus haut, et l'appliquer, avec le plus grand succès, aux arbres de toute essence, plantés en alignement sur le bord des fossés, routes, chemins ou canaux, tels que peupliers, grisards, ormes, frênes, tilleuls, platanes et autres. En procédant ainsi, on augmenterait de beaucoup la valeur de ses domaines, tout en dotant la France de ressources immenses, dont l'ont jusqu'ici privée les mutilations et les tortures infligées sans ménagement aux arbres, aussi bien sur les propriétés de l'État que sur les domaines particuliers.

On pourrait alors, et ce serait pour moi la plus douce de toutes les récompenses, adresser à ma méthode et à mes efforts pour arracher de pauvres martyrs à leurs bourreaux et pour les remettre en possession de leur forme et de leur beauté primitives, cet éloge flatteur : « Par eux es arbres reprennent leurs belles formes, et les campagnes leur gracieux aspect ; »

Arboribus sua forma redit, sua gratia campis.

Enfin, pour satisfaire au vœu exprimé par l'obligeant auteur des observations ci-dessus, je puis lui annoncer que, précisément dans le but qu'il paraît souhaiter, j'ai réservé, depuis une vingtaine d'années, sur le domaine de Pinon, à titre de spécimens, un certain nombre de sujets de tout âge, soit abandonnés à eux-mêmes, soit mutilés par des amputations intempestives, exagérées ou mal exécutées, afin de faciliter la comparaison entre l'ancienne méthode généralement pratiquée, et la nouvelle, que je ne saurais trop conseiller de lui substituer, et afin qu'on puisse fixer son choix entre elles en toute connaissance de cause.

On trouverait aussi dans les environs de mon domaine quelques vieux arbres témoins et victimes du traitement barbare et suranné que je repousse ; je dis quelques-uns, car la plupart de mes voisins, appréciant ma méthode, l'ont adoptée avec empressement, et déjà l'aspect de leurs bois et de leurs plantations s'est sensiblement amélioré en même temps que les produits qu'ils en retirent se sont considérablement augmentés.

Telles sont à peu près les réponses qui se sont tout d'abord présentées à mon esprit en lisant les bienveillantes observa-

tions du savant anonyme, observations auxquelles je me suis
efforcé de répondre aussi brièvement que possible; mais,
comme le dit très-bien leur auteur, le plus sûr et le meilleur
moyen de juger la nouvelle méthode serait de venir parcou-
rir, ne fût-ce que pendant quelques heures, les coupes périodiquement soumises à ce système, ainsi qu'ont bien voulu
le faire depuis plusieurs années bon nombre d'hommes émi-
nents et éclairés, arboriculteurs, officiers forestiers, grands
propriétaires de forêts et savants botanistes, qui, après examen sérieux et à la suite d'expériences faites sous leurs yeux,
ont désiré constater publiquement leur opinion, et l'ont fait
de la manière la plus encourageante et la mieux motivée [1].

Plusieurs commissions, composées des hommes les plus
honorables et les plus compétents, après avoir examiné en
détail les plantations et les élagages du domaine de Pinon,
ont fait aux Sociétés savantes qui leur avaient confié cette
mission des rapports qui m'ont valu des mentions très-
flatteuses et plusieurs médailles d'or et de première classe.

Les régisseurs et gardes-chefs de grandes propriétés boi-
sées, qui viennent encore fréquemment passer quelques jours
sur le domaine de Pinon pour examiner et étudier les travaux
et leurs résultats, laissent le plus souvent après eux des élèves-
ouvriers pour pratiquer pendant quelque temps, sous les yeux
des gardes et des élagueurs les plus expérimentés, une mé-

---

[1] L'un d'eux, s'associant pleinement à mes vues et comprenant parfaitement le
but d'un système qui, repoussant toute pensée égoïste, consiste à sacrifier souvent
le présent à l'avenir et à travailler pour les autres plutôt que pour soi, terminait
il y a quelques mois sa visite aux ateliers d'élagage par ces mots, qu'il voulait
bien appliquer à l'auteur du système, et qui dépeignent en effet très-bien le véritable arboriculteur, travaillant pour un temps qu'il ne verra pas :

Serit arbores, quæ alteri seclo prosient.

thode qu'ils veulent, disent-ils, appliquer le plus tôt possible dans les bois confiés à leurs soins [1].

Le meilleur moyen, en effet, pour juger et se convaincre, n'est-il pas de voir par ses propres yeux et sur place? n'est-ce pas ainsi que les objets se peignent le plus facilement et le plus fidèlement dans la pensée? et ne pourrait-on pas rappeler ici, à ceux qui voudraient approfondir, trancher même la question avec une véritable impartialité, l'adage du grand poëte :

> Segnius irritant animos demissa per aurem
> Quam quæ sunt oculis submissa fidelibus...

en les engageant à venir, si le sujet leur inspire un véritable intérêt et s'ils le trouvent digne d'une sérieuse attention, vérifier eux-mêmes les résultats obtenus et ceux que promet l'avenir?

Cette offre, souvent faite et quelquefois acceptée, a été pour moi une source de satisfaction et m'a à plusieurs reprises fourni l'occasion de m'éclairer moi-même par la discussion. Plus d'une fois aussi les hommes les plus compétents, défavorablement prévenus et arrivés en antagonistes, sont partis en disciples fervents et convaincus.

— *Je vois et je crois maintenant*, nous disait un forestier passionné, *j'adopte votre méthode, j'attends vos ouvriers, déjà j'emporte vos instruments, et je n'en veux plus d'autres !*

Il ne m'avait fallu que dire aux incrédules ces trois mots, moins victorieux et plus modestes que ceux de César : Venez, voyez, jugez.

---

[1] De ce nombre et parmi les plus capables et les plus zélés, nous avons remarqué ceux de MM. le comte A. D., le duc de L., le comte G. de Ste-A., le vicomte H. de M. et le duc de F.

Pendant tout le cours de l'année, sauf les deux mois consacrés à la moisson, les ateliers d'élagage sont constamment en activité, et on y trouvera tous les renseignements nécessaires. On pourra également, à Pinon, suivre et comparer d'un seul coup d'œil les deux systèmes, au moyen de grands tableaux de plusieurs mètres de surface, placés en regard et contenant, avec un texte explicatif, un très-grand nombre de spécimens enlevés à la scie sur des sujets en traitement, et présentant les résultats du travail, à toutes ses phases d'exécution, depuis les premiers ébourgeonnements des plus jeunes arbres sortant à peine de terre jusqu'à l'entière formation progressive des plus vieux arbres arrivés à leur dernière période ;

Ab origine, usque ad finem.

On trouvera également dans le village de Pinon (département de l'Aisne) un dépôt de la serpe d'élagueurs d'après le dernier modèle perfectionné, et exclusivement approprié aux élagages décrits ci-dessus, outil dont la forme et la trempe ne laissent rien à désirer.

On peut s'y procurer aussi des séries d'échelles des meilleures essences forestières, réunissant la force et la souplesse à la légèreté.

De vastes pépinières établies sur le domaine de Pinon et contenant plusieurs centaines de mille de plants de toute nature, tant à feuillage caduc qu'à feuillage persistant, pouvant supporter le climat du nord de la France, ainsi que des espèces les plus nouvelles et les plus rares, permettront d'étudier les meilleurs moyens de reproduction, tels que

semis, marcottes, boutures, greffes de tous genres, etc., etc.
On y sera à même aussi de se rendre compte des soins incessants et du traitement à appliquer aux jeunes sujets depuis leur âge le plus tendre jusqu'à leur mise en place.

Là encore quelques procédés nouveaux, fruits d'une pratique basée sur la théorie et consacrée par l'expérience, seront développés aux personnes qui voudraient se livrer en grand à la culture des arbres forestiers et autres arbres de haute taille, et je serais heureux de pouvoir leur éviter ainsi les pertes et les déceptions qui menacent toujours, quelle que soit d'ailleurs leur intelligence, ceux qui débutent dans la carrière.

FIN DE LA SECONDE ET DERNIÈRE PARTIE.

ERRATA

Page 33, ligne 14, *au lieu de :* anomale, *lisez :* anormale.

— 51, à la fin du 2ᵉ paragraphe, après le mot *désirer*, ajoutez : (Grav. 12, C.)

— 52, ligne 12, *au lieu de :* anomal, *lisez :* anormal, et après ce dernier mot ajoutez : (Grav. 12, C E; et grav. 18.)

— 52, à la fin du 3ᵉ paragraphe, après le mot *valeur*, ajoutez : (Grav. 5, 10, 11, 12, B F.)

— 52, à la fin du 4ᵉ paragraphe, après le mot *durée*, ajoutez : (Grav. 17.)

— 87, ligne 12, *au lieu de :* que subissent ces branches, *lisez :* que ces branches font subir au corps de l'arbre.

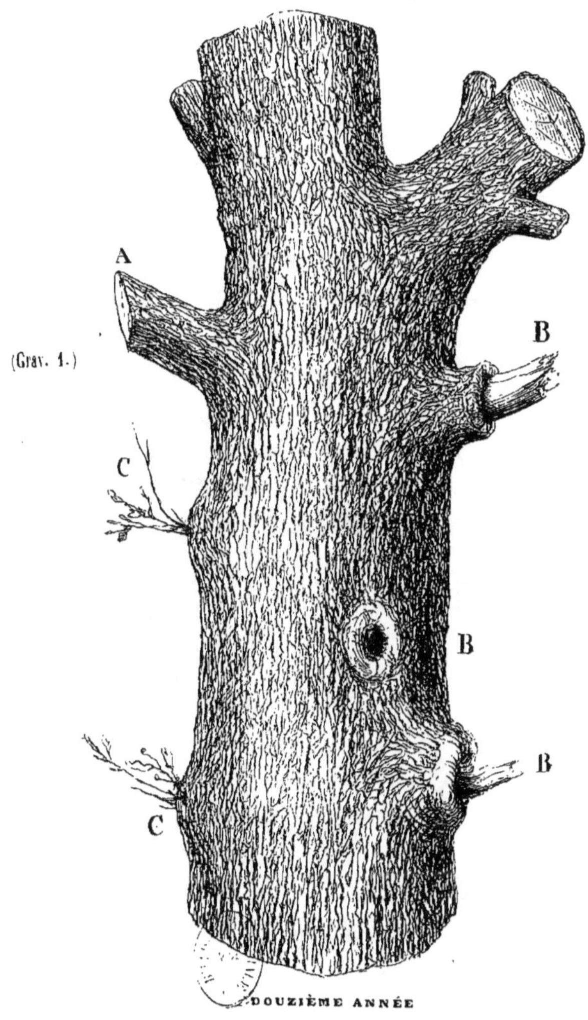

Élagage vicieux encore prôné et recommandé par d'assez nombreux auteurs, et généralement pratiqué de nos jours, au grand préjudice de l'avenir forestier.

VICES ET MALADIES PROVENANT DE L'ÉLAGAGE A CHICOTS OU RABATS.

A. Branche récemment coupée à chicot à 25 centimètres de longueur. (Grav. 2, A.)

B. Chicots communiquant aux organes du corps de l'arbre la carie dont ils sont attaqués. (Grav. 3, 4, 5 ; 12, B F.)

C. Nœuds couverts cachant des vices intérieurs, et entretenant le désordre et la déviation des fibres et des tissus ligneux. (Grav. 10, A A.)

(Chêne)

PREMIÈRE ANNÉE

Maîtresse branche récemment coupée à chicot à 20 centimètres de longueur.

A. Surface d'amputation déjà étoilée et fendue, faute de pansement. (Grav. 12, A.)

(Grav. 2.)

(Chêne)

QUATRIÈME ANNÉE

Chicot en décomposition, les lèvres de la cicatrice n'ayant pu se fixer sur sa surface devenue pulvérulente par suite de la carie, ni la recouvrir.

(Grav. 3.)

(Chêne)

(Grav. 4.)

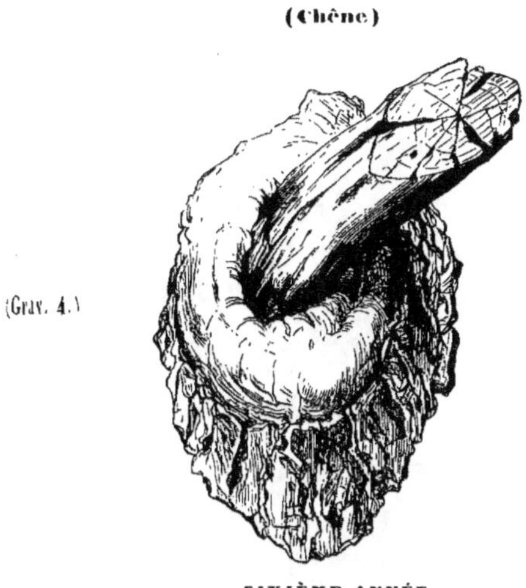

SIXIÈME ANNÉE

Chicot arrivé à un état de décomposition trop avancée pour permettre la cicatrisation naturelle et spontanée.

(Chêne)

(Grav. 5.)

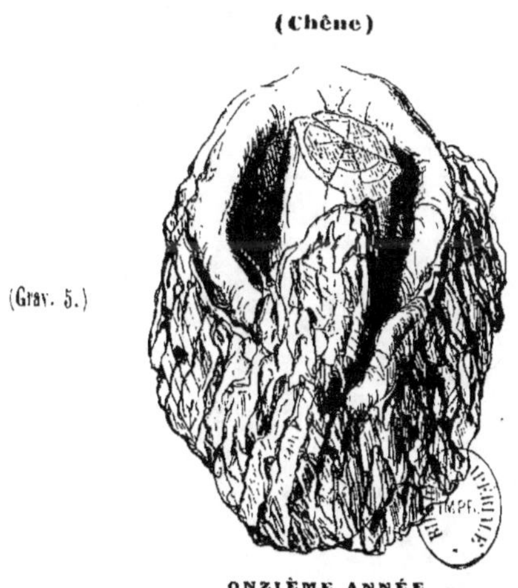

ONZIÈME ANNÉE

Carie formant gouttière ou clapier atteignant profondément les tissus ligneux, et contenant souvent plusieurs litres d'une eau rousse et fétide dont l'action incessante rend incurable la décomposition de ces tissus. (Grav. 12, F.)

(Longueur totale : 58 centimètres. — Poids : 1,200 grammes.)

(Grav. 6.)

Serpe de bûcheron généralement employée dans le nord de la France pour l'abatage, l'élagage, l'émondage et le débit des bois d'industrie, échalas, cerceaux, etc.

(Longueur totale : 42 centimètres. — Poids : 900 grammes.)

(Grav. 7.)

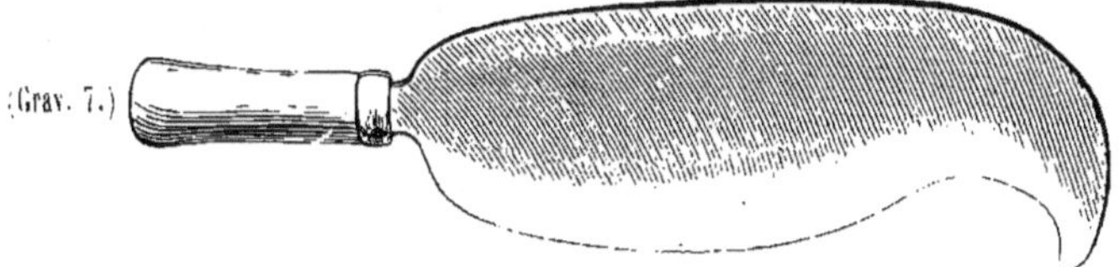

Serpe employée à peu près exclusivement aux élagages de Paris et des environs, et tout à fait impropre pour cet usage.

(Longueur totale : 46 centimètres. — Poids : 1,100 grammes.)

(Grav. 8.)

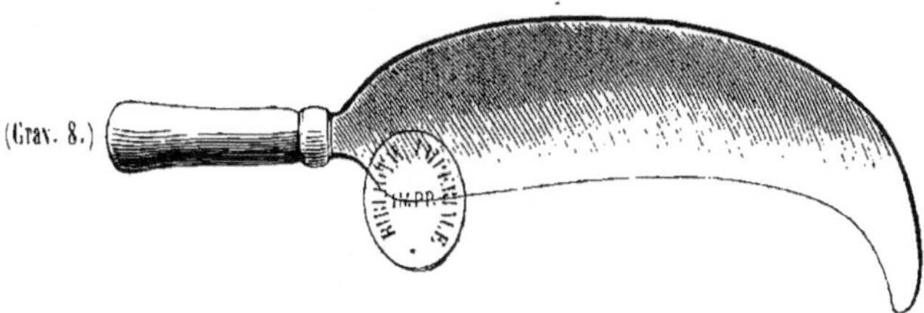

Grande serpe également employée au même usage et aux mêmes lieux, et présentant les mêmes inconvénients.

(Longueur totale : 42 centimètres. — Poids : 1,500 grammes.)

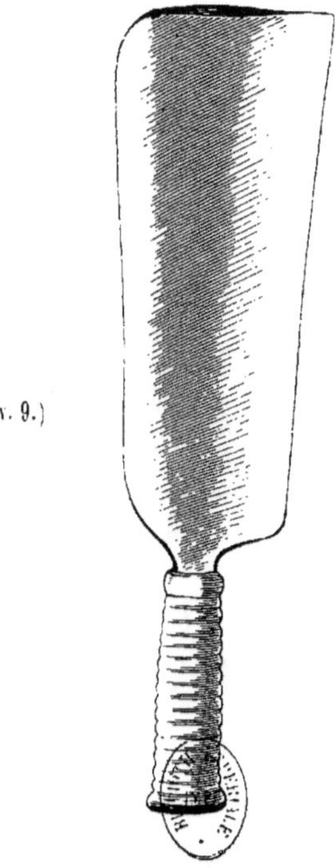

(Grav. 9.)

Nouvelle serpe d'élagueur renforcée au centre pour en augmenter le poids, afin
d'ajouter ainsi aux forces de l'ouvrier sans nuire à la justesse du coup, comme
il arriverait si ce renflement était placé vers le dos de la lame, ni rien ôter de la fi-
nesse du tranchant, ce qui aurait lieu si le renflement en était trop rapproché. Cet
instrument, dont la forme et le poids sont parfaitement combinés pour l'amputation des plus grosses branches, aussi bien que pour celle des ramilles les plus
menues, est le seul qui remplisse toutes les conditions nécessaires pour le traitement des arbres de tout âge. Il doit donc remplacer sans exception les outils du
même genre employés jusqu'à ce jour, dont il n'a pas les inconvénients. Il ne
saurait être à tous égards trop recommandé, et on peut s'en servir exclusivement avec confiance. Amélioré et perfectionné peu à peu, cet instrument est
devenu indispensable pour tout élagage sérieux et bien compris. On le trouve
chez M. Arnheiter, mécanicien à Paris, place Saint-Germain-des-Prés. 5; on peut
également se le procurer à Pinon (Aisne).

(Chêne âgé de 50 ans)

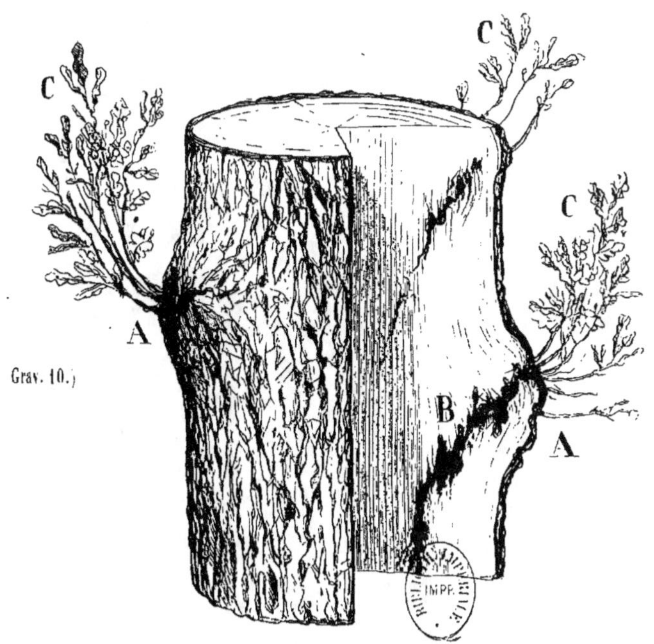

DOUZIÈME ANNÉE

A. Fausse cicatrisation, dite à nœuds couverts, par suite d'amputation de maîtresses branches coupées de 5 à 8 centimètres de longueur, et dont la cicatrice incomplète a tardivement recouvert l'orifice de la plaie, qui, déjà profonde, continue sourdement ses ravages jusqu'au cœur de l'arbre, et détruit sans relâche ses fibres et tissus ligneux B. La section des branches coupées trop loin du tronc et en trop grand nombre, n'ayant pu se cicatriser en temps convenable, a fait développer des nodosités ou excroissances amenant infailliblement la production des bourgeons et brindilles C, lesquels, arrêtant le cours de la séve et l'absorbant à leur profit, ôtent au bois sa plus grande valeur industrielle, et diminuent sensiblement son développement et son accroissement en volume.

(Chêne âgé de 60 ans)

(Grav. 11.)

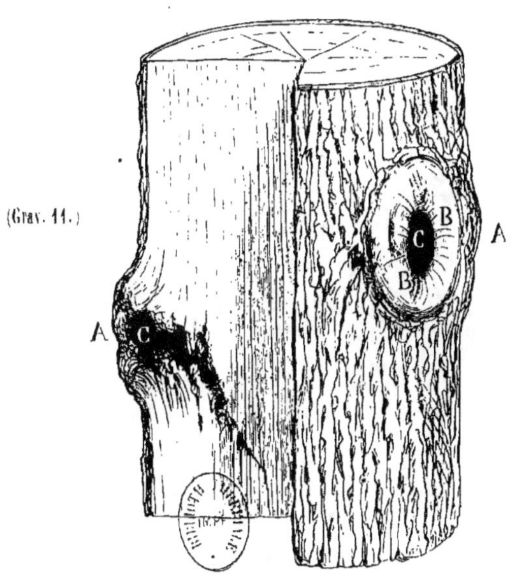

QUINZIÈME ANNÉE

A. Chicots coupés à 20 ou 50 centimètres de longueur à la précédente exploitation et détruits entièrement par les influences atmosphériques et la carie noire.

B. Lèvres des cicatrices, qui, dans leurs efforts de rapprochement, ne rencontrant plus que des tissus décomposés et pulvérulents au lieu de bois sain et solide où elles pussent se fixer, ne sont point parvenues à se réunir pour couvrir la plaie.

C. Carie occasionnée par la décomposition des tissus ligneux des chicots, ainsi que par les ravages des insectes, et atteignant profondément le corps de l'arbre, auquel elle ne laisse aucune chance de guérison.

DES RÉSULTATS DE L'ANCIEN ET DU NOUVEAU SYSTÈME

APPLIQUÉS SIMULTANÉMENT SUR LE MÊME SUJET

(Chêne âgé de 40 à 50 ans)

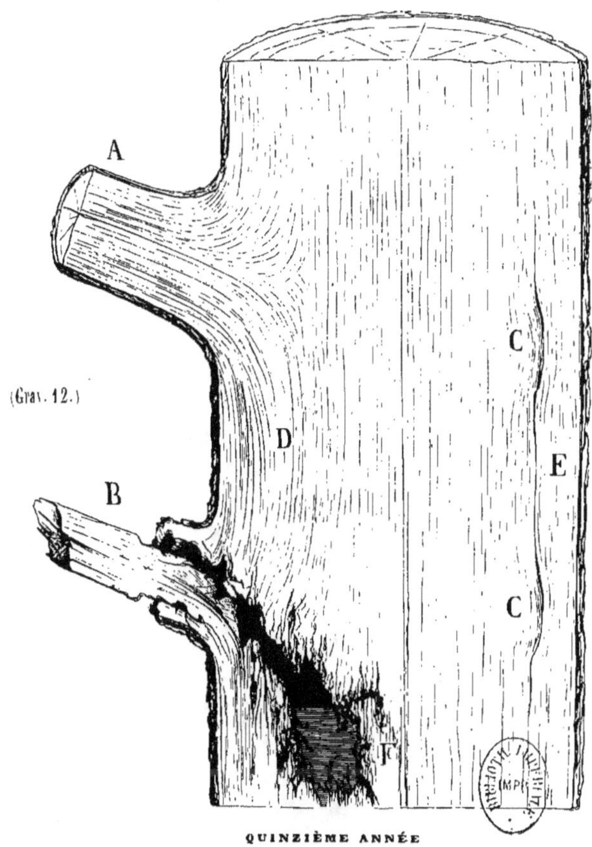

QUINZIÈME ANNÉE

A. Branche récemment coupée à chicot de 15 à 20 centimètres de longueur.

B. Chicot coupé depuis 15 ans ayant communiqué la carie jusqu'au cœur de l'arbre.

C. Branche coupée rez-tronc avec pansement immédiat depuis 10 ans et parfaitement guérie.

D. Portion de bois à fibres contournées, impropre à la fente et aux autres usages industriels, par suite de la non-suppression rez-tronc en temps utile des branches A et B.

E. Fibres d'accroissement annuel produites après l'amputation de 2 branches coupées rez-tronc, parfaitement saines, verticales, et propres à la charpente, à la fente, au charronnage et à la menuiserie.

F. Cavité causée par la carie du chicot B, parfois profonde de près de 1 mètre, et contenant jusqu'à 1 ou 2 litres d'un liquide fétide et décomposé, qui, agissant incessamment comme élément destructeur sur la partie saine du corps de l'arbre et jusqu'au cœur, lui enlève toute sa valeur et abrége sa durée

(Chêne âgé de 40 à 50 ans)

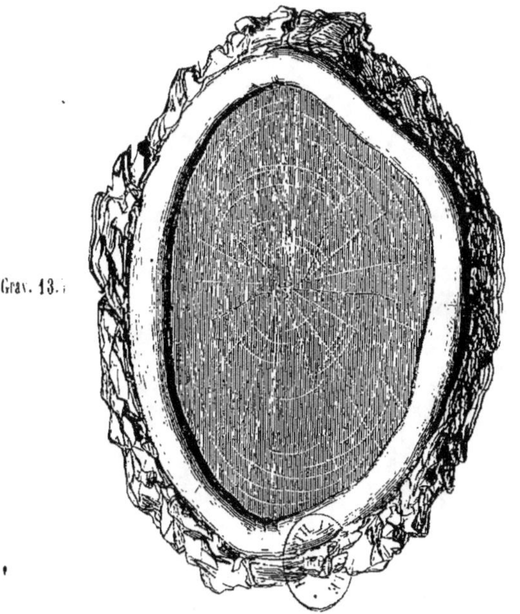

Grav. 13.

PREMIÈRE ANNÉE

Maîtresse branche coupée rez-tronc avec pansement immédiat au coaltar; cicatrisation commencée sans aucune attaque de la part des insectes ou des oiseaux. La
surface d'amputation, quelque étendues que soient les dimensions qu'elle présente, — car elle atteint parfois jusqu'à 15 à 20 centimètres de rayon. — étant
soigneusement et nettement tranchée, puis ensuite unie avec la serpe tenue à deux
mains comme on ferait d'une plane, ne conserve aucune aspérité où puissent s'arrêter les eaux pluviales, et, au moyen du pansement immédiat au coaltar, elle se
trouve non-seulement garantie des influences atmosphériques, mais encore pré-
servée de toutes fentes ou crevasses, suites ordinaires de la dessiccation.

(Chêne âgé de 40 à 50 ans)

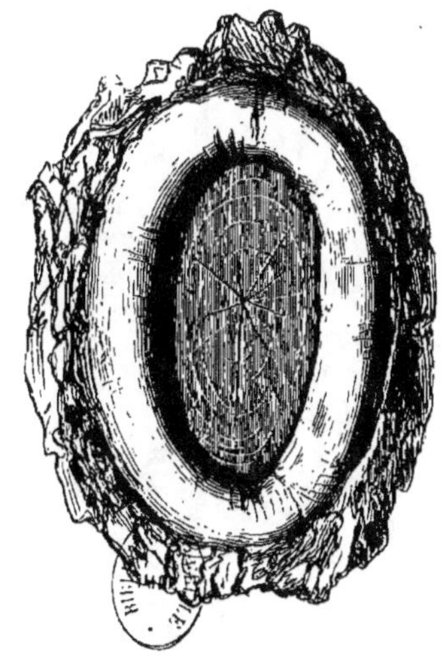

DEUXIÈME ANNÉE

Moyenne branche. Cicatrisation normale plus avancée. Surface de la plaie également saine et exempte de tous éléments de destruction, par suite du pansement.

(Chêne âgé de 50 à 60 ans)

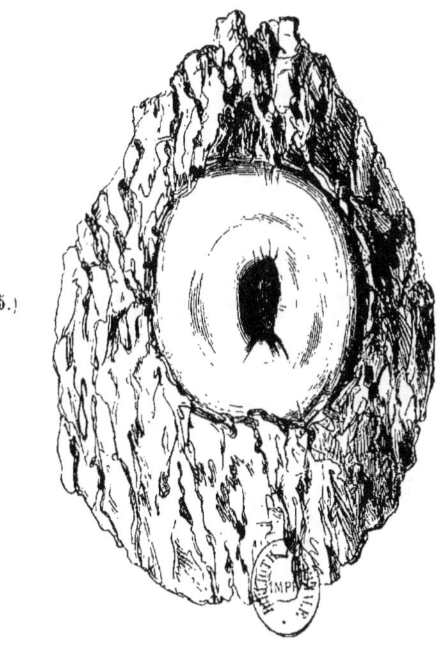

(Grav. 15.)

QUATRIÈME ANNÉE

Cicatrisation vive et très-avancée, sur bois parfaitement sain et garanti de toute attaque, de la part des insectes et autres ennemis, par la couche de coaltar qu'on y voit encore intacte, et qui a conservé aux fibres du bois de la surface d'amputation toutes leurs qualités sous les lèvres de la cicatrice, laquelle sera elle-même complétement fermée au bout de quelques mois.

(Chêne âgé de 50 à 60 ans)

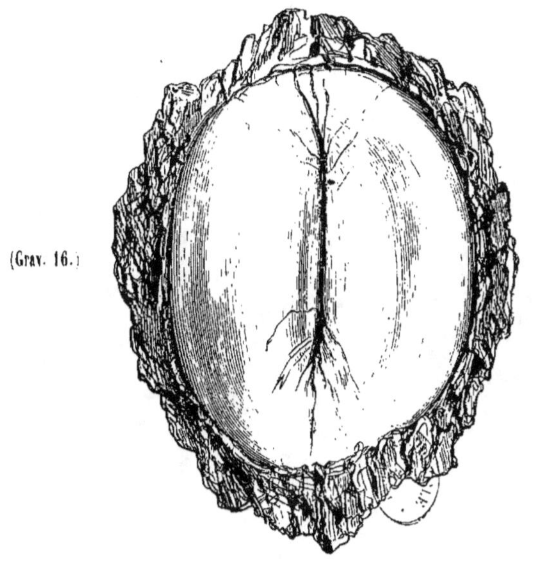

(Grav. 16.)

SIXIÈME ANNÉE

Cicatrisation complète et parfaite, sans aucune altération des tissus ligneux et sans la moindre déviation ou déperdition de séve. Les fibres coupées ont repris en dessous de la nouvelle écorce leur direction verticale, et peuvent, en conséquence, être utilisées, sans aucune perte, pour toutes les industries.

(Chêne âgé de 30 à 40 ans)

(Grav. 17.)

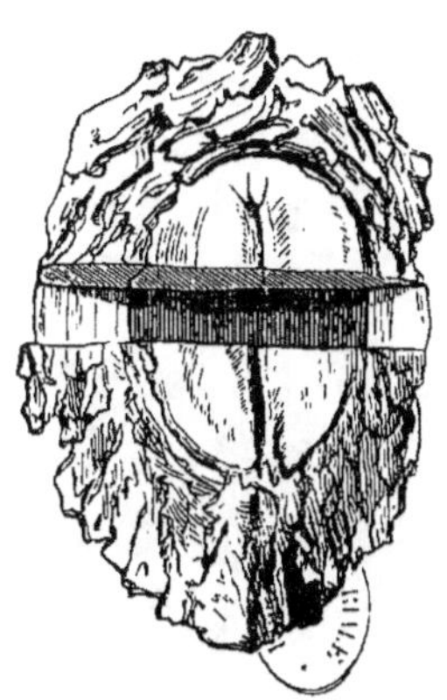

SIXIÈME ANNÉE

Pour s'assurer si la cicatrisation d'une maîtresse branche, coupée au ras du périmètre de l'arbre depuis six ans, était bien complète et n'avait pas, en se fermant, laissé sur la surface d'amputation quelques traces ou indices de vices, ulcères ou carie, on a mis plusieurs fois à nu, au moyen de deux traits de scie et de quelques coups de ciseau, cette surface jusqu'à la rencontre de l'enduit du pansement (grav. 17). Elle a été trouvée constamment saine, ferme, exempte de toute espèce de décomposition ou pourriture, et recouverte régulièrement, sous le parenchyme vert cortical, de zones circulaires concentriques d'un bois d'accroissement annuel parfaitement constitué. Ces couches, toutes les fois que l'expérience ci-dessus a été renouvelée, se sont présentées, sans exception, bien adhérentes entre elles, régulières, et toujours en nombre égal à celui des années écoulées depuis l'opération. Des résultats aussi satisfaisants et aussi concluants n'auraient jamais pu être obtenus par aucune des anciennes méthodes d'élagage, et sans l'application du pansement immédiat.

(Chêne âgé de 50 à 60 ans)

(Grav. 18.)

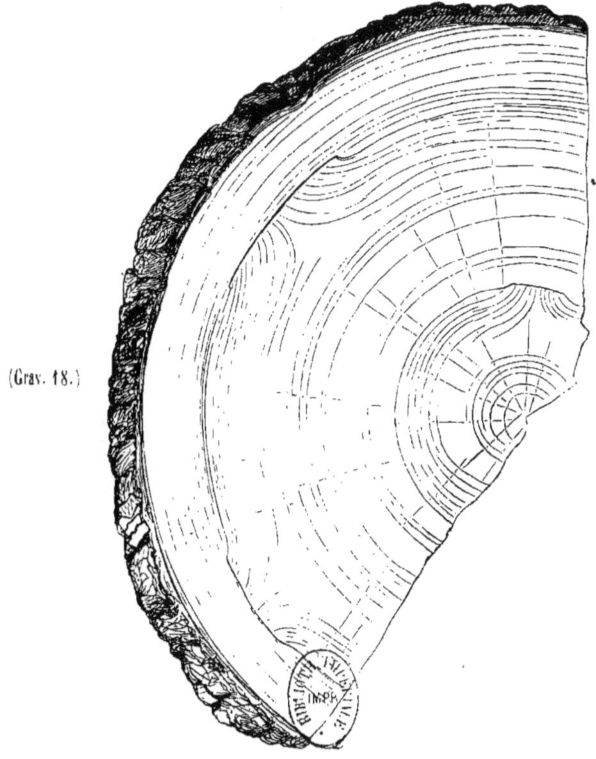

HUITIÈME ANNÉE

Cicatrisation complète, qui, en recouvrant la surface de la plaie, a rendu une direction verticale aux fibres. Celles-ci, reprenant leur direction régulière, ont ajouté
annuellement en dessus une certaine masse de fibres bien saines et de droit fil, sans
laisser de traces appréciables, ni ôter au bois aucune de ses qualités industrielles.
La surface d'amputation des branches supprimées rez-tronc, étant donc restée
parfaitement unie et saine, se distingue à peine par une sorte de fente ou crevasse
parallèle aux nouvelles zones concentriques d'accroissement annuel qui la recouvrent, et, rendant à ces nouvelles fibres leur libre direction normale et verticale, ne saurait, par une conséquence toute naturelle, enlever aux anciennes, pas
plus qu'aux récentes et futures formations ligneuses, aucune de leurs précieuses
qualités.

(Chêne Âgé de 60 à 80 ans)

DIXIÈME ANNÉE

Cicatrisation parfaite extérieure et intérieure, laissant à peine à la surface de la section, sous forme de crevasse, un faible écartement de quelques fibres (gr. 18), auxquelles il est parallèle ; ne leur ôtant, en conséquence, rien de leur force ni de leur souplesse, et ne portant atteinte ni préjudice à aucune des parties utiles des tissus ligneux, qui, en recouvrant la plaie, ont repris leur destination naturelle et leur direction normale et régulière. C'est ainsi, comme on l'a vu plus haut (gr. 17), que la surface d'amputation, appelée miroir en langage forestier dans quelques provinces, s'est parfaitement recouverte chaque année de nouvelles couches d'aubier d'abord, puis ensuite de bois parfait, sain et homogène, et n'a laissé aucune trace nuisible, tandis que les lèvres de la plaie, complétement rapprochées, unies, et pour ainsi dire soudées, ont repris les qualités et à peu près l'aspect de l'écorce primitive, dont elles remplissent toutes les fonctions de protection et de vitalité.